4桁の原子量表（2016）

(元素の原子量は，質量数12の炭素（^{12}C）を12とし，これに対する相対値とする。)

本表は，実用上の便宜を考えて，国際純正・応用化学連合（IUPAC）で承認された最新の原子量に基づき，日本化学会原子量委員会が独自に作成したものである。本来，同位体存在度の不確かさは，自然に，あるいは人為的に起こりうる変動や実験誤差のために，元素ごとに異なる。従って，個々の原子量の値は，正確度が保証された有効数字の桁数が大きく異なる。本表の原子量を引用する際には，このことに注意を喚起することが望ましい。

なお，本表の原子量の信頼性は有効数字の4桁目で±1以内であるが，例外として，＊を付したものは±2である。また，安定同位体がなく，天然で特定の同位体組成を示さない元素については，その元素の放射性同位体の質量数の一例を（ ）内に示した。従って，その値を原子量として扱うことは出来ない。

原子番号	元素名	元素記号	原子量	原子番号	元素名	元素記号	原子量
1	水素	H	1.008	60	ネオジム	Nd	144.2
2	ヘリウム	He	4.003	61	プロメチウム	Pm	(145)
3	リチウム	Li	6.941‡	62	サマリウム	Sm	150.4
4	ベリリウム	Be	9.012	63	ユウロピウム	Eu	152.0
5	ホウ素	B	10.81	64	ガドリニウム	Gd	157.3
6	炭素	C	12.01	65	テルビウム	Tb	158.9
7	窒素	N	14.01	66	ジスプロシウム	Dy	162.5
8	酸素	O	16.00	67	ホルミウム	Ho	164.9
9	フッ素	F	19.00	68	エルビウム	Er	167.3
10	ネオン	Ne	20.18	69	ツリウム	Tm	168.9
11	ナトリウム	Na	22.99	70	イッテルビウム	Yb	173.0
12	マグネシウム	Mg	24.31	71	ルテチウム	Lu	175.0
13	アルミニウム	Al	26.98	72	ハフニウム	Hf	178.5
14	ケイ素	Si	28.09	73	タンタル	Ta	180.9
15	リン	P	30.97	74	タングステン	W	183.8
16	硫黄	S	32.07	75	レニウム	Re	186.2
17	塩素	Cl	35.45	76	オスミウム	Os	190.2
18	アルゴン	Ar	39.95	77	イリジウム	Ir	192.2
19	カリウム	K	39.10	78	白金	Pt	195.1
20	カルシウム	Ca	40.08	79	金	Au	197.0
21	スカンジウム	Sc	44.96	80	水銀	Hg	200.6
22	チタン	Ti	47.87	81	タリウム	Tl	204.4
23	バナジウム	V	50.94	82	鉛	Pb	207.2
24	クロム	Cr	52.00	83	ビスマス	Bi	209.0
25	マンガン	Mn	54.94	84	ポロニウム	Po	(210)
26	鉄	Fe	55.85	85	アスタチン	At	(210)
27	コバルト	Co	58.93	86	ラドン	Rn	(222)
28	ニッケル	Ni	58.69	87	フランシウム	Fr	(223)
29	銅	Cu	63.55	88	ラジウム	Ra	(226)
30	亜鉛	Zn	65.38*	89	アクチニウム	Ac	(227)
31	ガリウム	Ga	69.72	90	トリウム	Th	232.0
32	ゲルマニウム	Ge	72.63	91	プロトアクチニウム	Pa	231.0
33	ヒ素	As	74.92	92	ウラン	U	238.0
34	セレン	Se	78.97	93	ネプツニウム	Np	(237)
35	臭素	Br	79.90	94	プルトニウム	Pu	(239)
36	クリプトン	Kr	83.80	95	アメリシウム	Am	(243)
37	ルビジウム	Rb	85.47	96	キュリウム	Cm	(247)
38	ストロンチウム	Sr	87.62	97	バークリウム	Bk	(247)
39	イットリウム	Y	88.91	98	カリホルニウム	Cf	(252)
40	ジルコニウム	Zr	91.22	99	アインスタイニウム	Es	(252)
41	ニオブ	Nb	92.91	100	フェルミウム	Fm	(257)
42	モリブデン	Mo	95.95	101	メンデレビウム	Md	(258)
43	テクネチウム	Tc	(99)	102	ノーベリウム	No	(259)
44	ルテニウム	Ru	101.1	103	ローレンシウム	Lr	(262)
45	ロジウム	Rh	102.9	104	ラザホージウム	Rf	(267)
46	パラジウム	Pd	106.4	105	ドブニウム	Db	(268)
47	銀	Ag	107.9	106	シーボーギウム	Sg	(271)
48	カドミウム	Cd	112.4	107	ボーリウム	Bh	(272)
49	インジウム	In	114.8	108	ハッシウム	Hs	(277)
50	スズ	Sn	118.7	109	マイトネリウム	Mt	(276)
51	アンチモン	Sb	121.8	110	ダームスタチウム	Ds	(281)
52	テル	Te	127.6	111	レントゲニウム	Rg	(280)
53	ヨウ素	I	126.9	112	コペルニシウム	Cn	(285)
54	キセノン	Xe	131.3	113	ニホニウム	Nh	(286)
55	セシウム	Cs	132.9	114	フレロビウム	Fl	(289)
56	バリウム	Ba	137.3	115	モスコビウム		
57	ランタン	La	138.9	116	リバモリウム		
58	セリウム	Ce	140.1	117	テネシン		
59	プラセオジム	Pr	140.9	118	オガネソン		

‡：市販品中のリチウム化合物のリチウムの原子量は6.938から6.997の幅をもつ。

新しい基礎無機化学演習

編著　合原　眞

共著　村石治人・竹原　公・宇都宮　聡

三共出版

まえがき

　本書は，大学の理・工学部，環境系学部などで初めて無機化学を学ぶか，すでに無機化学を終えた学生諸君向けの副読本，演習教科書として執筆したものである。この演習書の基礎理論編では『新しい基礎無機化学』（合原　眞編著，榎本尚也，馬　昌珍，村石治人共著，三共出版）に対応させた演習問題を作成し，さらに元素編を追加し編纂したものである。

　大学教育の改善が進むなか，専門科目の見直しも行われ，基礎専門科目の新設，専門科目の1，2年生への移行が行われている。演習教科書を随時，有効に使うことは基礎専門科目と専門科目のつながりのうえでも大事になってくると思われる。無機化学は理論的なものから各元素の性質までその内容は広く，どこを重点とするかによって教科書・演習書も多彩となる。

　本演習書の特色としては第1章から第8章の基礎理論編と第9章から第13章の元素編の2編に分けている。基礎理論を重点に学習するか，あるいは元素・化合物を加え無機化学全般を学習できるようしている。また，半年または通年の授業に対応させた構成にしている。

　基礎理論編では原子構造，溶液化学，電気化学，錯体化学を他の章よりやや詳しく取り扱い，元素化合物編では基本事項をコンパクトにまとめた演習書とした。また進歩が著しい生物無機化学分野も項目に入れ，分野の広がった演習が行えるようにした。構成は基本項目の例題および章末問題からなっている。例題で基礎を十分に学習できるようにしており，また，解説の項目を設け関連した事項を解説した。全体として右欄に関連事項を挿入し，学生諸君が興味を持てるようにした。以下の各章のアウトラインを紹介する。

—第1編　基礎理論編—
　第1章「無機化学を学ぶにあたって」では，化学の発展と現代における無機化学の内容を，また，無機化学を学ぶ上での基礎的事項を演習を通じて学習する。
　第2章「原子の構造」では，物質を構成する基本粒子である原子についての十分な理解するため，原子の構造と性質について演習を通じて学習する。
　第3章「化学結合」では，原子軌道と分子軌道を含む化学結合の仕組みをまず理解し，分子の基本的な性質である結合の極性などを総合的に学習する。
　第4章「固体の化学」では，結晶を構成する原子間の結合の特徴，規則的な原子配列とそれによって形成された格子に関する問題等について学習する。
　第5章「溶液の化学」では水に関する基本事項，水とイオンの相互作用，酸・塩基反応などに関して演習問題を解くことにより学習する。
　第6章「電気化学」では，エネルギー，資源，情報，ライフサイエンスや環境などさまざまな分野で重要な役割を担っている電気化学で，そこで用いられる用語の意味と基礎的な電気化学的反応ついて学習する。

第7章「錯体の化学」では，現在ではあらゆる分野に錯体に関する事項が出てくるため，錯体化学の基本事項を演習を通して学ぶ．

第8章「生物無機化学」では，生体内での無機物質取り扱う生物無機化学の分野を理解するために，必要な基本的な事項を演習を通じて学ぶ．

―第2編　元　素　編―

第9章「水素と水素化合物」では，水素原子の基本事項，水素化合物の性質に関する演習を行う．

第10章「sブロック元素（1，2族元素）」では，最外殻のs軌道に価電子を持つアルカリ金属，アルカリ土類金属の特徴について演習を行う．

第11章「pブロック元素（13～18族元素）」では，周期表の13族から18族に位置する典型元素の単体，化合物について演習を行う．

第12章「dブロック元素」では化合物が色々の酸化数をとることや多くの錯体が形成されることなど特色が多く，これら元素，化合物についての演習を行う．

第13章「fブロック元素」では，単体および化合物の一般的性質，磁気的性質，錯形成反応などに関して演習を行う．

なお本書の内容，構成について不備な点があると思うので，お気づきの点などを御指摘いただければ幸である．

終りに，本書の出版にあたり，御尽力いただいた三共出版（株）の故石山慎二氏，秀島　功氏および飯野久子氏に厚く感謝の意を表したい．

2011年9月

著者一同

目 次

第 1 編　基礎理論編

第 1 章　無機化学を学ぶにあたって
1.1　化学の発展 …………………………………………………………… 1
1.2　現代の無機化学 ……………………………………………………… 2
1.3　諸単位，基礎化学用語，濃度 ……………………………………… 3
章末問題 …………………………………………………………………… 6
章末問題　解答 …………………………………………………………… 8

第 2 章　原子の構造
2.1　原子の誕生 …………………………………………………………… 9
2.2　原子の構成粒子と種類 ……………………………………………… 10
2.3　原子模型 ……………………………………………………………… 13
2.4　前期量子論と原子構造 ……………………………………………… 16
2.5　原子の電子配置と電子の相互作用 ………………………………… 18
2.6　周期表と原子の性質 ………………………………………………… 21
章末問題 …………………………………………………………………… 25
章末問題　解答 …………………………………………………………… 27

第 3 章　化学結合
3.1　化学結合の初期理論 – 八隅説 ……………………………………… 29
3.2　量子力学による結合論と共有結合 ………………………………… 30
3.3　共有結合と結合の極性およびイオン性 …………………………… 35
3.4　イオン結合 …………………………………………………………… 37
3.5　金属結合 ……………………………………………………………… 38
3.6　分子間に働く力 ……………………………………………………… 38
章末問題 …………………………………………………………………… 41
章末問題　解答 …………………………………………………………… 44

第4章 固体の化学

- 4.1 固体の結合 ... 47
- 4.2 結晶構造と格子 ... 52
- 4.3 結合と結晶構造および原子の充塡状態 ... 55
- 4.4 多結晶・焼結体とアモルファス ... 57
- 章末問題 ... 58
- 章末問題 解答 ... 60

第5章 溶液の化学

- 5.1 水に関する基本事項 ... 62
- 5.2 酸と塩基 ... 64
- 5.3 無機化学反応機構 ... 73
- 章末問題 ... 73
- 章末問題 解答 ... 75

第6章 電気化学

- 6.1 酸化還元反応とは ... 78
- 6.2 電池 ... 79
- 6.3 ネルンスト式(Nernst式) ... 83
- 6.4 酸化還元電位(電極電位) ... 86
- 6.5 電極系の種類 ... 87
- 6.6 標準電極電位からわかること ... 89
- 章末問題 ... 92
- 章末問題 解答 ... 94

第7章 錯体の化学

- 7.1 序論 ... 96
- 7.2 錯体の命名法 ... 97
- 7.3 配位立体化学 ... 99
- 7.4 金属錯体における結合について ... 102
- 7.5 錯体の性質 ... 105
- 7.6 錯体の安定度 ... 106
- 7.7 キレート効果 ... 107

7.8	有機金属化合物	109
7.9	錯体の反応	110
章末問題		112
章末問題　解答		114

第8章　生物無機化学

8.1	生体内の元素	117
8.2	生体内における金属イオンの動態	118
8.3	酸素運搬体と酸素輸送タンパク質	121
8.4	金属を含む薬の例	125
章末問題		126
章末問題　解答		127

第2編　元素編

第9章　水素と水素化合物

9.1	水素原子と水素イオン	129
9.2	水素化合物	130
章末問題		133
章末問題　解答		134

第10章　sブロック元素（1, 2族元素）

10.1	アルカリ金属元素（1族元素）	135
10.2	アルカリ土類金属元素（2族元素）	138
章末問題		140
章末問題　解答		141

第11章　pブロック元素（13〜18族元素）

11.1	希ガス（18族元素）	142
11.2	ハロゲン（17族元素）	143
11.3	16族元素	144
11.4	15族元素	145

11.5	14族元素	147
11.6	13族元素	149
章末問題		150
章末問題 解答		151

第12章 dブロック元素

12.1	一般的性質	153
12.2	第一遷移元素	155
12.3	第二,第三遷移系列元素	162
章末問題		167
章末問題 解答		169

第13章 fブロック元素

13.1	ランタノイド元素,ScとY	170
13.2	アクチノイド元素	173
章末問題		175
章末問題 解答		176

付表	177
参考文献	180
索引	181

第1編 基礎理論編

第1章
無機化学を学ぶにあたって

　原子，分子の概念は18世紀末から19世紀はじめにかけて急激に進展し，近代科学の前進の礎となった。化学の発展と現代における無機化学の内容を，また，無機化学を学ぶ上での基礎的事項を演習を通じて学習する。

1.1 化学の発展

例題 1-1　金属発見の歴史と生物での利用との関係を述べよ。

解答

　金属発見の歴史は金→銅→鉄→アルミニウムの順で，金の発見は古い。ツタンカーメン王の王墓から黄金製や金箔の張ってある製品が多数出土しており，当時鉄製造は高度の技術であった。金はイオン化傾向が小さく，金イオンを火で還元することにより製造できたことが金の利用につながった。古代における普通の金属を金に変えようとする錬金術の試みはその実験により各種の発明発見の一端をになった。

　一方，生物での金属を利用はこの逆と考えられる。最初の生命はコロイド系分子形成からはじまり，Al，Siなどの関与が考えられる。鉄，銅は生体内の酸化還元電位などに関与し，種々の生理機構を得ている。

解説

　金属の利用の歴史は化学的面からみると，金属の標準電極電位（酸化還元電位）より理解することができる（図1-1）。

　金属の標準電極電位を比較すると

　Au 1.7 V ＞ Cu 0.337 V ＞ Fe －0.036 V ＞ Al －1.662 V

である。人類による金属の発見の歴史は標準電極電位におけるプラスからマイナスへの移行に対応し，標準電極電位の高い金属から順に金属を発見につながっている。

図1-1 化合物，金属イオン，および金属タンパク質の標準電極電位
（桜井 弘：「金属は人体になぜ必要か」，講談社（1996））

1.2 現代の無機化学

例題 1-2 無機化学の定義について述べよ。

解答

無機化学（inorganic chemistry）は元素，単体および無機化合物を研究する化学で，有機化学（organic chemistry）の対概念として無機化学が定義されている。炭素以外の元素を対象とするが，一酸化炭素，炭酸カルシウムなどの炭素を含む化合物も含まれる。有機化合物は主に地表に存在するのに対して，地球の他の部分は無機化合物で構成されている。

解説

無機化学は研究対象により細分化されており，

錯体化学（complex chemistry），有機金属化学（organometallic chemistry），生物無機化学（bioinorganic chemistry），環境化学（environmental chemistry），環境無機化学（environmental inorganic chemistry），地球化学（geochemistry），固体化学（solid-state chemistry），海洋化学（oceanochemistry），大気化学（atmospheric chemistry）

など多くの分野に関連している。

化学における対象分野

無機化学は IUPAC（International Union of Pure and Applied Chemistry 国際純正・応用化学連合）の以下のように主要な対象分野の1つとなっている。
1) Physical and biophysical chemistry, 2) Inorganic chemistry, 3) Organic and biomolecular chemistry, 4) Polymer, 5) Analytical chemistry, 6) Chemistry and the environment, 7) Chemistry and human health, 8) Chemical nomenclature and structure representation

1.3 諸単位，基礎化学用語，濃度

> **例題 1-3** 次の量の大きさを SI 単位で示せ。
> (1) 5.0 mol/L (2) 1.5 Å (3) 10.5 kcal (4) 150 atm
> (5) 520 mmHg

解 答

(1) $1\,L = 10^{-3}\,m^3 = (10^{-1}\,m)^3 = dm^3$
 ∴ $5.0\,mol/L = 5.0\,mol/dm^3 = 5.0\,mol\,dm^{-3}$

(2) $1\,Å = 10^{-10}\,m = 100 \times 10^{-12}\,m = 100\,pm$
 ∴ $1.5\,Å = 150\,pm$

(3) $1\,cal = 4.184\,J$
 ∴ $10.5\,kcal = 10.5 \times 10^3 \times 4.184\,J = 10.5 \times 4.184 \times 10^3\,J$
   $= 43.9\,kJ$

(4) $1\,atm = 1.01325 \times 10^5\,Pa$
 ∴ $150\,atm = 150 \times 1.01325 \times 10^5\,Pa = 152 \times 10^5\,Pa$

(5) $1\,mmHg = 133.322\,Pa$
 ∴ $520\,mmHg = 520 \times 133.322\,Pa = 69.3 \times 10^3\,Pa = 69.3\,kPa$

> **例題 1-4** 次の用語を解説せよ。
> (1) アボガドロ定数 (2) モル (3) 同位体 (4) 単体と化合物

解 答

(1) アボガドロ定数（Avogadro's constant）：物質量 1 mol（1 グラム分子）とそれを構成する粒子（分子，原子，イオンなど）の個数との対応を示す比例定数で，単位は mol^{-1} である。ふつう N_A で表すが，L の記号も用いられている。現在の科学技術データ委員会（CODATA: Committee on Data for Science and Technology）による推奨値は $6.02214179 \times 10^{23}\,mol^{-1}$ である。

(2) モル（mole number）：「炭素 12 g の中に含まれる炭素原子の数は，$6.02214179 \times 10^{23}$ 個（アドガドロ定数）である」を受け，原子または分子がアボガドロ定数個あるときを 1 モル（mol）という。実際には物質を表す化学式で示される元素の原子量の和（化学式量）にグラムをつけた物質量を 1 モルとする。

(3) 同位体（isotope）：同じ原子番号（陽子の数）で，質量数が異なる原子を互いに同位体という。

---

1 リットルの定義

1901 年の国際度量衡総会で 1 リットル（1 L）を（1 気圧のもとで最大密度になる温度で 1 キログラムの水が占める体積）とした。実測の結果はいくつかの値に分かれていたが，1 リットルを 1.000028 立方デシメートル（dm³）と統一した。その後 1964 年の総会で再度定義を改め，1 リットルを 1 dm³（=10⁻³ m³）の特別の名称とした。SI 以外の単位を裏表紙の見返しに示す。

放射性同位体（radioisotope）

同位体で，不安定な核種は時間とともに放射崩壊して放射線を出し，放射性同位体とよばれる。放射性同位体の利用の例としては ⁶⁰Co（γ 線源として医療・生物学など多方面で利用），¹⁴C（半減期は約 5,730 年で，古代遺跡の木材などの年代測定に使用）などがある。

(4) 単体；純粋な物質で，ただ1種類の元素だけからできている純物質のことである。

化合物；2種類以上の元素からできている物質を化合物という。

> **例題 1-5** シュウ酸の二水和物 63.0 g を水に溶かして 1 L にした。この溶液の比重を 1.04 として次の濃度を計算せよ。
> (1) 質量百分率濃度　(2) モル濃度　(3) 質量モル濃度
> (4) 酸としての規定度

解 答

(1) $H_2C_2O_4 \cdot 2H_2O$ の式量は 126.1，$H_2C_2O_4$ の式量は 90.0 であるから，$H_2C_2O_4 \cdot 2H_2O$ の 63.0 g 中に含まれる $H_2C_2O_4$ の質量は $63.0 \times 90.0/126.1 = 45.0$ g である。よって

$$質量百分率濃度(\%) = \frac{45.0}{1,000 \times 1.04} \times 100 = 4.33 \% \tag{1-1}$$

(2) $H_2C_2O_4 \cdot 2H_2O$ の式量は 126.1 で，モル濃度は

$$モル濃度 = \frac{63.0}{126.1} \times \frac{1,000}{1,000} = 0.5 \, M \tag{1-2}$$

(3) $質量モル濃度 = \frac{63.0}{126.1} \times \frac{1,000}{1,000 \times 1.04} = 0.48$ (1-3)

(4) $H_2C_2O_4 \rightleftarrows 2H^+ + C_2O_4^{2-}$ (1-4)

の反応で反応単位数は 2 で，$H_2C_2O_4$ の当量は $126.1/2 = 63.05$ g/eq となる。規定度は

$$規定度 = \frac{63.0}{63.05} \times \frac{1,000}{1,000} = 1.00 \, N \tag{1-5}$$

解 説

(1) 百分率濃度 (percentconcentration)

固体試料中のある特定の化合物あるいは元素の含有率を表す場合やおおよその濃度の試薬溶液を調製する場合に用いられる。

(2) 重量百分率濃度；$C \%$ (w/w)

溶液 100 g 中に含まれる溶質の質量 (g) をパーセントで表す。

$$C \%(w/w) = \frac{W}{W + W_s} \times 100 \tag{1-6}$$

ここで，W は溶質の質量 (g)，W_s は溶媒の質量 (g) である。

(3) 重量対容量比濃度；$C \%$ (w/v)

溶液 100 mL 中に含まれる溶質の質量（g）をパーセントで表す。

(4) 容量百分率濃度；$C\,\%(\mathrm{v/v})$
  溶液 100 mL 中に含まれる溶質の体積（mL）をパーセントで表す。

(5) モル濃度（molarity）；M，mol/L
  溶液 1,000 mL 中に含まれる溶質の物質量（mol）を示す。

$$\mathrm{M} = \frac{W}{m_s} \times \frac{1{,}000}{V} \qquad (1\text{-}7)$$

ここで，W は溶質の質量（g），m_s は溶質の 1 モルに相当する質量（g/mol），V は溶液の体積（mL）である。また，W/m_s の項は，溶質の物質量（mol）を表す。

(6) 規定度
  溶液 1,000 mL 中に含まれる溶質の当量（eq）を示す。

$$\mathrm{N} = \frac{W}{eq_\mathrm{w}} \times \frac{1{,}000}{V} \qquad (1\text{-}8)$$

$$eq_\mathrm{w} = \frac{式量}{n} \qquad (1\text{-}9)$$

ここで，W は溶質の質量（g），eq_w は溶質の 1 当量に相当する質量（g/eq），V は溶液の体積（mL）である。また n は反応単位数を表す。

> **例題 1-6** 次の試薬から 1.00 N の溶液を 1 L 調整するための必要な試薬量を求めよ。
> (1) 密度 1.19，37.2 %（w/w）の濃塩酸
> (2) 密度 1.40，65.3 %（w/w）の濃硝酸
> (3) 密度 1.05，99.0 %（w/w）の濃酢酸
> (4) 密度 0.90，28.3 %（w/w）の濃アンモニア水
> (5) 密度 1.84，95.6 %（w/w）の濃硫酸

解 答

1.00 N 溶液 1 L 作るには 1 当量が必要となる。試薬量を x mL とすると次のような式で表わせる。

(1) $x \times 1.19 \times 0.372 = 36.46 \times 1.00 \qquad x = 82.4 \qquad (1\text{-}10)$
(2) $x \times 1.40 \times 0.653 = 63.02 \times 1.00 \qquad x = 68.9 \qquad (1\text{-}11)$
(3) $x \times 1.05 \times 0.990 = 60.05 \times 1.00 \qquad x = 57.8 \qquad (1\text{-}12)$
(4) $x \times 1.90 \times 0.283 = 17.03 \times 1.00 \qquad x = 82.4 \qquad (1\text{-}13)$
(5) $x \times 1.84 \times 0.956 = 98.09/2 \times 1.00 \qquad x = 27.9 \qquad (1\text{-}14)$

解 説

酸塩基の反応では反応単位数 n は反応で授受される H^+, OH^- の数である。次のような反応から n の値が決まる。問題(1)〜(4)では

$$HCl = H^+ + Cl^- \tag{1-15}$$

のように $n=1$ となる。一方，(5)では

$$H_2SO_4 = 2H^+ + SO_4^{2-} \tag{1-16}$$

で，$n=2$ となる。

例題 1-7 次の溶液の濃度を ppm（mg/L）で示せ。
(1) 500 mL 中に NaCl の 1.52 μmol を含む溶液
(2) 2.00×10^{-3} M $KMnO_4$ 溶液
(3) 5.00×10^{-3} M $MgCl_2$ 溶液

解 答

(1) 1 mol NaCl は 58.44 g＝58.44×10^3 mg であるから
$$1.52 \times 2 \times 10^{-6} \times 58.44 \times 10^3 \text{ mg/L} = 178 \text{ ppm} \tag{1-17}$$

(2) 1 mol $KMnO_4$ は 158.0 であるから
$$2.00 \times 10^{-3} \times 158.0 \times 10^3 \text{ mg/L} = 316 \text{ ppm} \tag{1-18}$$

(3) 1 mol $MgCl_2$ は 95.2 であるから
$$5.00 \times 10^{-3} \times 95.2 \times 10^3 \text{ mg/L} = 476 \text{ ppm} \tag{1-19}$$

解 説

百万分率濃度（parts per million）；ppm
溶液 1,000 g 中に含まれる溶質の質量（mg）を示す。

$$百万分率 = \frac{溶質の量（質量，体積）}{溶液の量（質量，体積）} \times 10^6 \text{（ppm）} \tag{1-20}$$

百万分率は mg/kg や cm^3/m^3（ppmV）などの単位で示すこともある。希薄溶液では 1 kg は 1 L と近似できるので mg/L を ppm とすることが多い。

---

ppb および ppt

最近の分析機器の発達にともない十億分率（parts per billion, ppb），一兆分率（parts per trillion, ppt）も用いられる。1 ppb および 1 ppt は溶液 1000 g 中に含まれる溶質の質量がそれぞれ 1 μg と 1 ng である。

十億分率
$= \dfrac{溶質の量}{溶液の量} \times 10^9 \text{（ppb）}$

一兆分率
$= \dfrac{溶質の量}{溶液の量} \times 10^{12} \text{（ppt）}$

第 1 章 章末問題

問題 1-1
質量保存の法則，定比例の法則，倍数比例の法則について説明せよ。

問題 1-2
Chemical Abstracts に掲載されている無機化学関係の次の項目を和

訳せよ。

(1) Catalysis, Reaction Kinetics, and Inorganic Reaction Mechanisms　(2) Electrochemistry　(3) Optical, Electron, and Mass Spectroscopy and Other Related Properties　(4) Radiation Chemistry, Photochemistry, Photographic, and Other Reprographic Processes　(5) Magnetic Phenomena　(6) Inorganic Chemicals and Reactions　(7) Inorganic Analytical Chemistry

問題 1-3
気体定数 $R = 0.08205\,\text{L·atm·mol}^{-1}\text{·K}^{-1}$ を SI 単位で表せ。

問題 1-4
25.0℃ をケルビン温度で示せ。

問題 1-5
500 g の水にエタノール 50.0 g を加えた溶液（密度は $970\,\text{kg·m}^{-3}$）がある。次の濃度を計算せよ。

(1)　物質量（n）　(2)　モル濃度（M）　(3)　質量モル濃度

章末問題　解答

問題 1-1

質量保存の法則：化学変化の前後において，反応物の全質量と生成物の全質量とは等しいという法則。

定比例の法則：物質が化学反応する時，反応に関与する物質の質量比は，常に一定であるという法則。水の生成時には水素と酸素の質量比は $1.00794 \times 2 : 15.9994 = 1 : 7.936$ である。

倍数比例の法則：2種の元素 A，B からなる 2 種以上の化合物ができることがある。今，2つの化合物 X，Y を考える。X，Y の化合物における A の一定量に対する，X，Y のそれぞれに含まれる B の質量は簡単な整数比をなすという法則。

問題 1-2

(1) 触媒，反応速度論，無機反応機構
(2) 電気化学
(3) 光学・電子・質量分光学と関連の性質
(4) 放射線化学，光化学，写真，他の複写の過程
(5) 磁気的現象
(6) 無機化学薬品と反応
(7) 無機分析化学

問題 1-3

$R = 0.08205 (10^{-3} \text{m}^3)(1.01325 \times 10^5 \text{ Pa}) \text{mol}^{-1} \cdot \text{K}^{-1}$
$= 8{,}314 \text{ m}^3 \cdot \text{Pa} \cdot \text{mol}^{-1} \cdot \text{K}^{-1}$

$1 \text{ Pa} = 1 \text{ N} \cdot \text{m}^{-2} = 1(\text{N} \cdot \text{m}) \text{m}^{-3} = \text{J} \cdot \text{m}^{-3}$

∴ $R = 8.314 \text{ m}^3 (\text{J} \cdot \text{m}^{-3}) \text{mol}^{-1} \cdot \text{K}^{-1} = 8.314 \text{ J} \cdot \text{mol}^{-1} \cdot \text{K}^{-1}$

問題 1-4

$T/K = t/°C + 273.15 = 25.0 + 273.15 = 298.15$

問題 1-5

(1) C_2H_5OH の分子量 46.07　　∴ $n = 50.0/46.07 = 1.09 \text{ mol}$

(2) 体積　$V = 0.550 \text{ kg}/970 \text{ kgm}^{-3} = 5.67 \times 10^{-4} \text{ m}^3$

∴ $M = 1.09 \text{ mol}/5.67 \times 10^{-4} \text{ m}^3 = 1.99 \text{ mol} \times 10^3 \text{ m}^{-3}$

(3) $1.09 \text{ mol}/0.5 \text{ kg} = 2.18 \text{ mol/kg}$

第 2 章
原子の構造

我々の身の周りには有機化合物や無機化合物に基づく莫大な種類の物質が存在するが，それらは 100 種類に満たない元素から構成されている。物質の多様性は元素の種類と構成比，および結合様式と集合状態の違いによって生み出されている。物質を知るには，それを構成する基本粒子である原子についての十分な理解がまず求められる。この章では，原子の構造と性質について理解を深める。

2.1 原子の誕生

> **例題 2–1** 地球全体を構成する主要な原子のうち存在量の大きさは，次の順である。
> $^{56}_{26}Fe,\ ^{16}_{8}O,\ ^{24}_{12}Mg,\ ^{28}_{14}Si,\ ^{32}_{16}S,$
> これらの原子には共通点がある。共通点は何か，答えよ。またこれらの原子の共通点に基づき，原子の生成過程や安定性などを推測せよ。

解答

いずれの原子の原子番号および質量数も $^{4}_{2}He$ の倍数である。このことから，主に He の原子核の核融合によって生成した原子であることが推測できる。また原子番号と質量数が偶数の原子は安定性の高い原子であることがわかる。

解説

かつてビッグバンによって誕生した素粒子がもとになって，陽子（水素の原子核）と中性子が形成された。その後，原始太陽において陽子や中性子の核融合反応が始まり，H → He → C, O → Ne, Mg → Si, Fe の順で元素が誕生したと考えられている。この中で $^{56}_{26}Fe$ が最も安定な原子である。また Fe よりも重い元素は星の一生である超新星爆発の時に形成されるといわれている。

原子（核種）の表わし方

原子は次のように表わされる。
$$^{A}_{Z}X$$
X：元素記号，
Z：原子番号（陽子数），
A：質量数（陽子数＋中性子数）

さらに原子は以下のように核種，同位体，元素の 3 つの名称で区別してよばれる。

(1) 核種：陽子数（＝原子番号 Z）と質量数 A（＝陽子数 P＋中性子数 N）で規定される原子種のことを核種という。

(2) 同位体：同じ陽子数をもった核種をそれぞれ同位体という。

(3) 元素：陽子数（原子番号）の違いだけで分類した原子の種類を元素という。

2.2 原子の構成粒子と種類

例題 2-2 以下の図は ^{235}U の壊変系列を示している。壊変系列の空所に，α 壊変（α 粒子 [He の原子核] の放射）と β 壊変（β 粒子 [電子] の放射）に伴って生成する核種の元素記号ならびに原子番号および質量数を記入せよ。また安定な $^{207}_{82}Pb$ に至るまでに α，β 壊変はそれぞれ何度繰り返されるか，答えよ。

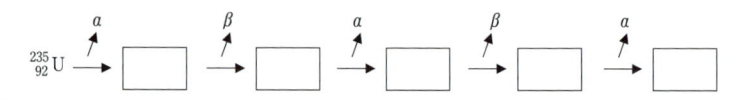

$$^{235}_{92}U \xrightarrow{\alpha} \boxed{} \xrightarrow{\beta} \boxed{} \xrightarrow{\alpha} \boxed{} \xrightarrow{\beta} \boxed{} \xrightarrow{\alpha} \boxed{}$$

解 答

α 壊変すると，質量数が 4 小さく原子番号が 2 小さな核種を形成する。β 壊変すると，質量数が等しく原子番号が 1 つ大きい核種を形成する。したがって以下のような壊変系列となる。

$$^{235}_{92}U \xrightarrow{\alpha} ^{231}_{90}Th \xrightarrow{\beta} ^{231}_{91}Pa \xrightarrow{\alpha} ^{227}_{89}Ac \xrightarrow{\beta} ^{227}_{90}Th \xrightarrow{\alpha} ^{223}_{88}Ra$$

図 2-1　^{235}U の壊変系列

また，$^{235}_{92}U$ から $^{207}_{82}Pb$ に至るまでに質量数は 28 減少し，原子番号は 10 減少している。したがって α 壊変は 7 回（質量数は 28 減少，原子番号は 14 減少），β 壊変は 4 回（質量数は 0，原子番号は 4 増加）起こっている。

解 説

ほとんどすべての元素には放射性同位体が存在するが，とくに原子番号 27 以上の元素はすべて天然の放射性同位体をもつ。これより重たい元素は α 線を放射して壊変する α 壊変および β 線を放射して壊変する β 壊変などを繰り返して放射壊変する。なお壊変は崩壊ともいう。その他に γ 線（電磁波）を放出したり，核外電子を捕獲して他の核種に変わる場合もある。

例題 2-3 現在生育している木材を炭化して得られた炭素 1 g 中の ^{14}C の放射能を測定したところ 12.5 Bq（毎秒の壊変数が 12.5 個）であった。一方，古い建造物の木材

壊変系列

天然に存在する重い元素の核種は，以下に示す 3 つの壊変系列のどれかに属することが知られている。

(1) $^{232}Th \longrightarrow ^{208}Pb$：「トリウム（4n）系列」とよばれ，これに属する核種の質量数は 4 の整数倍で，α 崩壊を中心とした放射壊変を行う。

(2) $^{238}U \longrightarrow ^{206}Pb$：「ウラン（4n+2）系列」とよばれ，これに属する核種の質量数は 4 で割ると 2 が残る。初期は α 壊変，後期は β 壊変を中心とした放射壊変を行う。

(3) $^{235}U \longrightarrow ^{207}Pb$：「アクチニウム（4n+3）系列」とよばれ，これに属する核種の質量数は 4 で割ると 3 が残る。上記問題に示した壊変系列は（4n+3）系列の一部であり，α 壊変と β 壊変が繰り返し起こるのが特徴である。

なお宇宙全体では，ネプツニウム（4n+1）系列という壊変系列もみられる。

を炭化して得られた炭素 1 g 中の ^{14}C の放射能を測定したところ 10.6 Bq であった。この建造物の年代を推定せよ。ただし ^{14}C の半減期（$t_{1/2}$）は 5,730 年とする。

解答

半減期の式（$t_{1/2} = \ln 2/\lambda = 0.6932/\lambda$）より壊変定数 λ を求める。

$$\lambda = \frac{0.6932}{5{,}730 \times 365 \times 24 \times 3{,}600} = 3.836 \times 10^{-12} \text{s}^{-1}$$

次に壊変速度の式（$N = N_0 e^{-\lambda t}$）に，壊変定数 λ，時刻 $t=0$ における壊変数 N_0 に 12.5，また $t=t$ における壊変数 N に 10.6 の数値をそれぞれ代入し，t を求めると次のようになる。

$$10.6 = 12.5\, e^{-3.836 \times 10^{-12} t}$$
$$\ln 10.6 = \ln 12.5 - 3.836 \times 10^{-12} t$$
$$3.836 \times 10^{-12} t = 2.526 - 2.361 = 0.165$$
$$t = 4.301 \times 10^{10} \text{s} = \frac{4.301 \times 10^{10}}{365 \times 24 \times 3{,}600} = 1{,}364 \text{ 年}$$

解説

^{14}C は炭素中に 1.2×10^{-10} ％含まれる放射性同位体であり，その半減期は 5,730 年で，β 壊変して ^{14}N になる。放射能の単位はベクレル（Bq）で表わされ，1 Bq は 単位時間（秒）当りの原子の壊変数を意味する。放射性元素の壊変は自発的に行われ，N 個の放射性核があるとき，単位時間毎に壊変する速度は N の数に比例する。すなわち次の一次反応の関係式で表される。

$$-\frac{dN}{dt} = \lambda N \tag{2-1}$$

ここで λ は壊変定数で各放射性元素に固有の値である。この式を積分形で表し，$t=0$ のときの放射性核を N_0 で表すと次のようになる。

$$\ln(N/N_0) = -\lambda t \quad \text{または} \quad N = N_0 e^{-\lambda t} \tag{2-2}$$

$N/N_0 = 1/2$ となるのに要する時間 $t_{1/2}$ を半減期という。$t_{1/2}$ と λ の間には次の関係がある。

$$t_{1/2} = \ln 2/\lambda = 0.6932/\lambda \tag{2-3}$$

このように一次反応の半減期は反応物質の初濃度に無関係である。^{14}C の半減期がわかっているので，例題のように現在生育している木材（現在の大気中の CO_2 を取り込んで生育している木材）と伐採され加工された木材（伐採された時点で CO_2 の取り込みが終了した木材）に含まれる ^{14}C の放射能をそれぞれ測定すると，伐採した年代を測定することができる。

一次反応速度曲線と半減期

壊変に伴う放射性核の数の変化は一次反応で表される。一次反応における $N/N_0 = 1/2$ になるのに要する時間 $t_{1/2} = \tau$ を半減期とすると，図に示すように，いずれの時刻から測定しても，反応分子の濃度や放射性物質の数が半分になる時間 τ は常に一定であることがわかる。

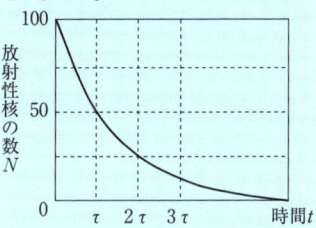

図 2-2　放射性核の数（放射能）の減衰曲線と半減期

例題 2-4　以下の各問いに答えよ。ただしアボガドロ定数は 6.0221418×10^{23} mol^{-1} とする。

(1) 1 u（u：統一原子質量単位）とは何か，述べよ。また何 kg か，定義に基づいて求めよ。

(2) 水素原子の質量は $1.6735342 \times 10^{-27}$ kg である。水素原子の原子量を求めよ。

解 答

(1) ^{12}C（質量数 12 の炭素）の原子 1 個の質量の 1/12 を統一原子質量単位 u という。

$$1\,\mathrm{u} = \frac{12}{6.0221418 \times 10^{23}} \times \frac{1}{12} = 1.6605388 \times 10^{-24}\,\mathrm{g}$$
$$= 1.6605388 \times 10^{-27}\,\mathrm{kg}$$

(2) （原子量）=（原子の質量）/（1 u）の関係がある。
$$1.6735342 \times 10^{-27}\,[\mathrm{kg}] / 1.6605388 \times 10^{-27}\,[\mathrm{kg}] = 1.0078260$$

解説

^{12}C 原子 1 個の質量（$12\,\mathrm{g} \div 6.0221418 \times 10^{23}$）の 1/12 を統一原子質量単位（u：unified atomic mass unit）あるいはダルトン（Da：Dalton）という。原子核を構成する核子（陽子と中性子）1 個は統一原子質量単位で表わすとほぼ 1 u となるため，粒子の質量を表すのに用いられる。また原子や分子の質量を統一原子質量単位で表した数値は，その原子や分子 1 mol の質量をグラムで表した数値に等しい。なお原子量は質量ではなく，原子の質量と 1 u との比であるため，無次元量である。表 2-1 に粒子 1 個の質量と原子質量を示す。

表 2-1　粒子 1 個の質量と統一原子質量

粒子	記号		粒子（原子）の質量 kg	統一原子質量 u
電子	e	m_e	$9.1093822 \times 10^{-31}$	0.000549
陽子	p	m_p	$1.6726216 \times 10^{-27}$	1.007273
中性子	n	m_n	$1.6749826 \times 10^{-27}$	1.008665
水素	^{1}H	—	1.673534×10^{-27}	1.007825
炭素 12	^{12}C	—	$19.926465 \times 10^{-27}$	12.000000
炭素 13	^{13}C	—	$21.592595 \times 10^{-27}$	13.003356

例題 2-5　以下の問いに答えよ。

(1) 質量数 12 の炭素原子 ^{12}C の質量欠損を求めよ。ただ

統一原子質量単位とダルトン

原子や素粒子の質量を表す単位として 1960 年，炭素 12 ^{12}C 原子の質量の 1/12 である統一原子質量単位（unified atomic mass unit，単位：u）が定められた。2006 年，国際度量衡局は古くから使われてきたダルトン（dalton，単位：Da）を，統一原子質量単位と全く同じ定義の単位として SI 併用単位に採用した。一方，原子質量単位（atomic mass unit，単位：amu）も同様な意味で並行して用いられてきたが，IUPAC から amu を使用しないよう勧告される予定となった。

し ^{12}C の原子核の実測値は 11.996708 u，陽子と中性子の質量はそれぞれ 1.007273 u および 1.008665 u とする。

(2) ^{12}C の原子核の質量欠損に相当するエネルギーを $\Delta E = \Delta mc^2$ の関係式に基づいて計算せよ。
ただし $c = 2.997924 \times 10^8$ m·s^{-1} とする。

解 答

(1) 質量欠損 $\Delta m =$ (原子を構成する粒子の質量の和) $-$ (実測した原子の質量) で表される。^{12}C の原子核に着目するとつぎのようになる。

$\Delta m = [(1.007273 \times 6) + (1.008665 \times 6)] - (11.996708)$
$= 0.098920$ u

(2) 質量欠損に相当するエネルギーは式 (2-4) で表される（c:真空中の光の速度）。

$\Delta E = \Delta mc^2$ \hfill (2-4)
$= (1.660539 \times 10^{-27}[\text{kg}] \times 0.098920[\text{u}])$
$\times (2.997924 \times 10^8)^2 [\text{m}^2 \cdot \text{s}^{-2}]$
$= 1.476004 \times 10^{-11} [\text{m}^2 \cdot \text{kg} \cdot \text{s}^{-2}] = 1.476004 \times 10^{-11}$ J

ここで m^{2}kg s^{-2}＝J の関係がある。また kJ/mol 単位で表わすと次のようになる。

1.476×10^{-14} [kJ] $\times 6.022 \times 10^{23}$ [mol^{-1}]
$= 8.888 \times 10^9$ kJ/mol

解説

陽子と中性子が融合して原子核を形成する場合は，粒子間の結合エネルギー（核力という）に相当する膨大なエネルギーが放出され，生成した原子核の質量は構成する粒子の質量の総和よりも小さくなる。これを質量欠損（Δm）という。Δm に相当するエネルギー（ΔE）を求めるには上記の式 (2-4) が用いられる。なお，右辺の単位は m^2·kg·s^{-2} であり J に等しい。

2.3 原子模型

例題 2.6 次の表に基づき，H 原子の励起された電子がエネルギーを失う際に，それぞれの殻間の電子遷移（主量子

化学反応と核反応

自由な状態にある原子核の構成粒子から1個の炭素原子 ^{12}C の原子核が形成されるとすれば，発生するみかけのエネルギーは例題で求めたように 1.476×10^{-11} J となる。1 mol に換算すると 8.888×10^{12} J/mol という膨大な結合エネルギーに相当する。炭素の燃焼熱（3.94×10^5 J/mol）と比較すると，10^7（1千万）倍大きく，核反応と化学反応では発生する反応熱の大きさの違いがわかる。

数の変化）に伴って放出する電磁波の波数，波長，エネルギーを求めよ。またその電磁波の属する波の名称（紫外線・可視光線・赤外線）を示せ。なお，リュードベリ定数 $R_H = 1.0968 \times 10^7$ m^{-1}，プランク定数 $h = 6.626 \times 10^{-34}$ J·s および真空中の光の速度 $c = 2.9980 \times 10^8$ m·s^{-1} とする。

主量子数の変化	系列名	波の名称	電磁波の波数 $\bar{v}$/cm^{-1}	電磁波の波長 λ/nm	エネルギー E/kJ/mol
$n=2 \to n=1$	Lymann 系列				
$n=3 \to n=2$	Balmer 系列				
$n=4 \to n=3$	Paschen 系列				
$n=5 \to n=4$	Brackett 系列				

解 答

表 2-2　水素の原子スペクトル系列と輝線の波長とエネルギー

主量子数の変化	系列名	波	電磁波の波数	電磁波の波長	エネルギー
$n=2 \to n=1$	Lymann 系列	紫外	82,260 cm^{-1}	121.6 nm	984.1 kJ/mol
$n=3 \to n=2$	Balmer 系列	可視	15,240 cm^{-1}	656.3 nm	182.3 kJ/mol
$n=4 \to n=3$	Paschen 系列	赤外	5,333 cm^{-1}	1875 nm	63.8 kJ/mol
$n=5 \to n=4$	Brackett 系列	赤外	2,470 cm^{-1}	4050 nm	29.5 kJ/mol

解 説

バルマー（Balmer）らは，励起した水素原子から放出される紫外・可視・赤外領域の輝線スペクトルの式を提出した。リュードベリ（Rydberg）はこれを一般式（2-5）で表した。

$$\bar{v} = R_H \left(\frac{1}{n_1^2} - \frac{1}{n_2^2} \right) \quad (n_1 < n_2) \quad (2\text{-}5)$$

ここで R_H は水素原子に対するリュードベリ定数（$=1.0968 \times 10^7$ m^{-1}）であり，n_1 と n_2 は電子が遷移するそれぞれの軌道の量子数を表す。求められた $\bar{v}$ は波数とよばれ，単位長さ（1 m あるいは 1 cm）に含まれる波の数である。波数 $\bar{v}$，振動数 v および波長 λ との間には $\bar{v}=1/\lambda = v/c$ の関係がある。一方，電磁波のエネルギーは $E=hv=hc/\lambda$ の関係式から求まる（脚注参照）。ここで h はプランク定数，c は真空中の光の速度である。

リュードベリ定数

最も単純な H 原子のリュードベリ定数は本文に述べたように $R_H (= 1.09677 \times 10^7$ m^{-1}) で表されるが，電子が複数存在する場合のリュードベリ定数は $R_\infty (= 1.09737 \times 10^7$ m^{-1}) で表わされる。

スペクトル線の波長とエネルギー

(1) スペクトル線の波長は $\lambda = 1/\bar{v} = c/v$ の関係より求める。

(2) スペクトル線のエネルギーは $E = N_A h v = N_A h c \bar{v}$ （N_A はアボガドロ数）の関係よりもとめる。

例題 2-7　ボーアの原子模型において，水素原子の $n=1$ の軌道半径（ボーア半径）とその軌道エネルギーを求めよ。

解 答

(1) ボーア原子模型の軌道上を電子が等速運動しているとき，r_n は式 (2-6) で表される。

$$r_n = \frac{n^2 \varepsilon_0 h^2}{\pi m e^2} = n^2 a_0 \quad (n=1, 2, 3, \cdots\cdots) \quad (2\text{-}6)$$

ここで，n は量子数，ε_0 は真空の誘電率（8.854×10^{-12} F·m^{-1}），h はプランク定数（6.626×10^{-34} J·s），m は電子の質量（9.109×10^{-31} kg），e は電子の電荷量（1.602×10^{-19} C）および Z は原子番号である。$n=1$ における軌道半径をボーア半径といい，a_0 で表す。

$a_0 = 5.29 \times 10^{-11}$ m $= 0.0529$ nm

(2) 軌道を運動している電子のエネルギー E は式 (2-7) で表される。

$$E_n = -\frac{h^2}{8\pi^2 m a_0^2 n^2} = -\frac{me^4}{8\varepsilon_0^2 h^2 n^2} = \frac{E_{n=1}}{n^2}$$
$$(n=1, 2, 3\cdots\cdots) \quad (2\text{-}7)$$

ここで $E_{n=1}$ は $n=1$ における軌道を運動している電子のエネルギーであり，その値は次のようになる。

$E_{n=1} = -2.18 \times 10^{-18}$ J

解 説

プランクは振動数 ν の振動子のエネルギーは 0, $h\nu$, $2h\nu$, $3h\nu$, $\cdots$, $nh\nu$, $\cdots\cdots$（n は整数）という離散的な値しかとれないという量子仮説に基づいて黒体放射の実験結果を説明した。h はプランク定数といい 6.626×10^{-34} J·s という値をもつ。ボーアは原子モデルに量子仮説を導入し，水素原子の電子は角運動量が $h/(2\pi)$ の整数倍の円軌道のみを運動するとした。上式 (2.6) と (2.7) はそれぞれ軌道半径と電子のエネルギーを表し，それぞれ量子化されていることがわかる。

例題 2-8 電子が電圧 $V=100$ kV で加速されたとき，この電子の物質波の波長はいくらか，答えよ。なおプランク定数 $h = 6.626 \times 10^{-34}$ J·s，電子の電荷量 $e = 1.602 \times 10^{-19}$ C，電子の質量 $m = 9.109 \times 10^{-31}$ kg とする。

解 答

1 C（クーロン）の電荷をもつ粒子が電圧 1 V のもとで加速されたとき，粒子の得るエネルギーは 1 J である。またそのエネルギーは次の式で表される。

$$E = eV = \frac{1}{2}mv^2 = \frac{p^2}{2m} = \frac{h^2}{2m\lambda^2} \quad (2\text{-}8)$$

$$\lambda = \frac{h}{(2emV)^{1/2}} \qquad (2\text{-}9)$$

λ に関する式にそれぞれの値を代入すると次のようになる。

$$\lambda = \frac{6.626 \times 10^{-34}\,[\text{J} \cdot \text{s}]}{(2 \times 1.602 \times 10^{-19}\,[\text{C}] \times 9.109 \times 10^{-31}\,[\text{kg}] \times 100 \times 10^{3}\,[\text{V}])^{1/2}}$$

$$= \frac{6.626 \times 10^{-34}\,[\text{J} \cdot \text{s}]}{17.08 \times 10^{-23}\,[\text{C} \cdot \text{V} \cdot \text{kg}]^{1/2}}$$

$$= \frac{6.626 \times 10^{-34}\,[\text{J} \cdot \text{s}]}{17.08 \times 10^{-23}\,[\text{m}^{2} \cdot \text{kg}^{2} \cdot \text{s}^{-2}]^{1/2}}$$

$$= 3.88 \times 10^{-12}\,\text{m} = 3.88\,\text{pm}$$

解説

運動している電子は粒子性と波動性を示す。電子の波動性を利用したものの1つが電子顕微鏡である。顕微鏡の分解能は観察する光（波）の波長に支配され，光学顕微鏡は可視光線（波長 380～780 nm）で対象物を観察するために分解能はせいぜい数 100 nm 程度である。これに対し，電子顕微鏡では電子を 100～200 kV の電圧のもとで加速させた場合，波長 3.8～2.5 pm の波が発生するので，pm オーダーの分解能が期待できる。

2.4 前期量子論と原子構造

> **例題 2-9** 電子の軌道は3つの量子数で表わされる。その量子数である，主量子数 n，軌道角運動量量子数（方位量子数）l，および磁気量子数 m_l は軌道の何をそれぞれ規定しているか，説明せよ。

解答

① 主量子数：原子の殻構造を種別する量子数で，軌道のエネルギーと軌道の広がりに対応している。$n = 1, 2, 3, 4, \cdots$ のとき K 殻，L 殻，M 殻，N 殻，…という。

② 軌道角運動量量子数（方位量子数）l：軌道角運動量の大きさを表す量子数で，軌道の形に対応する。$l = 0, 1, 2, 3 \cdots$ に応じて，s, p, d, f …で表わす。

③ 磁気量子数 m_l：軌道角運動量 l の z 成分の大きさを表す量子数で，軌道の方向性に対応している。m_l の値は，$-l, -l+1, \cdots, 0, \cdots, l-1, l$ の $2l+1$ 個がある。定常状態では縮退しているが磁場

をかけると縮退が解け，$l=1$ であれば $m_l=-1, 0, +1$ に相当する p_x, p_y, p_z の 3 つの軌道に分裂する。

解説

ボーアの原子モデルでは，電子は原子核を中心とした円軌道を描いている。これに対し，シュレーディンガーの波動方程式の解に基づけば，原子モデルは電子の粒子性と波動性に基づく三次元の立体的な軌道となる。軌道に関する波動関数は n, l, m_l の 3 つの量子数によって表わされる。n は原子核を原点とする x, y, z 軸の外の方向（動径方向）に広がる波の振動（節の数）を表わし，軌道の広がりと軌道のエネルギーを決めている。l は動径 r を一定にして原点の周りを回ったときの波動関数の波の様子を表す。m_l は z 軸の周りに回ったときの波動関数の波の様子を表す。

> **例題 2-10** 下記の表の $n=1$ の例を参考にして，主量子数 $n=2, 3$ のときの方位量子数（軌道角運動量量子数）と磁気量子数，およびそれに対応する軌道の名称を示せ。またそれぞれの軌道への最大電子収容数を示せ。
>
> | 主量子数 | | 方位量子数 | | 磁気量子数 | | 最大電子収容数 |
> |---|---|---|---|---|---|---|
> | n | 殻の名称 | l | 軌道の名称 | m_l | 軌道の名称 | |
> | 1 | K | 0 | 1s | 0 | 1s | 2 |

解答

表 2-3 原子軌道の量子数と各軌道の収容電子数

主量子数		方位量子数		磁気量子数		最大電子収容数
n	殻の名称	l	軌道の名称	m_l	軌道の名称	
1	K	0	1s	0	1s	2
2	L	0	2s	0	2s	2
		1	2p	$-1, 0, +1$	$2p_y, 2p_z, 2p_x$	6
3	M	0	3s	0	3s	2
		1	3p	$-1, 0, +1$	$3p_y, 3p_z, 3p_x$	6
		2	3d	$-2, -1, 0, +1, +2$	$3d_{xy}, 3d_{yz}, 3d_{xz}, 3d_{x^2-y^2}, 3d_{z^2}$	10

解説

(1) 主量子数は $n=1, 2, 3, 4, \cdots$ の正の整数の値をとる。量子数に応じて殻は記号 K, L, M, N $\cdots$ が与えられ K 殻，L 殻，M 殻，N 殻とよばれる（表 2-4）。

表2-4 主量子数 n と殻の名称との関係

n	1	2	3	4
殻	K	L	M	N

表2-5 方位量子数 l と軌道の名称との関係

l	0	1	2	3
軌道名	s	p	d	f
縮重した軌道の数 $(2l+1)$	1	3	5	7

表2-6 磁気量子数 l と軌道の名称との関係（$l=1$）

m_l	+1	−1	0
軌道の広がり	x軸方向	y軸方向	z軸方向
軌道名	p_x	p_y	p_z

(2) 方位量子数 l は，$l=0, 1, 2\cdots,(n-1)$ 正の整数の値をとる。量子数に応じて記号 s, p, d, f が与えられ，s 軌道，p 軌道，d 軌道などとよばれる（表2-5）。

(3) 磁気量子数 m_l は，$m_l=0, \pm 1, \pm 2, \cdots \pm l$ の値をとる。すなわち n, l で規定された軌道は磁場内で縮退が解け，$l=1$(p軌道) は 3，$l=2$(d軌道) は 5，$l=3$(f軌道) は 7，一般形で $(2l+1)$ 本に分裂する。表2-6に $l=1$(p軌道) の場合を示す。

(4) 3つの量子数によって規定されるそれぞれの軌道には最大2個の電子が収容される。2個の電子を区別する量子数はスピン量子数 m_s とよばれ，+1/2 と −1/2 の 2 つの値をとる。

2.5 原子の電子配置と電子の相互作用

> **例題 2-11** 以下の各問に答えよ。
> (1) パウリの排他原理について述べよ。
> (2) パウリの排他原理に基づき，基底状態にある $_{11}$Na 原子の最外殻電子（3s^1）を4つの量子数（n, l, m_l, m_s）で表せ。

解 答

(1) パウリの排他原理は『1つの原子の中で4つの量子数｛主量子数 n，軌道角運動量量子数（または方位量子数）l，磁気量子数 m_l，スピン量子数 m_s｝で規定された1つの状態を2個以上の電子が同時にとることはできない』と表すことができる。すなわち4つの量子数で規定された1つの状態を取れるのは1個の電子だけである。したがって『1つの原子軌道には最大2個の電子が入り，その2個の電子は m_s の値（スピンの方向）が異なっていなければならない』というものである。

(2) $_{11}$Na 原子の最外殻電子（3s^1）の量子状態は以下の通りである。

量子名	n	l	m_l	m_s
量子数	3	0	0	−1/2

解 説

原子を構成する電子が軌道を占めていくときには，可能な限りエネルギーの低い軌道から電子を配置していく。これを「構成原理」という。

さらに主量子数 n，方位量子数 l，磁気量子数 m_l の3つによって規定される軌道への電子の入り方は「パウリの排他原理」と「フントの規則」（例題2-12）に基づいて詰まっていく。なお軌道のエネルギー準位は次のようになる。

$$1s<2s<2p<3s<3p<4s<3d<4p<5s<4d<5p<6s<4f<5d<6p<\cdots$$

軌道のエネルギー準位を知るための簡単な関係を図2-3に示す。

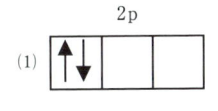

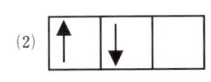

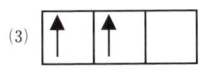

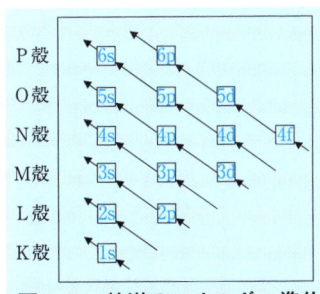

図2-3 軌道のエネルギー準位と量子数

> **例題 2-12** 以下の各問いに答えよ。
> (1) フントの規則について述べよ。
> (2) フントの規則に基づいて基底状態にある $_{25}$Mn 原子の 3s，3p，3d，4s には15個の電子が配置している。この電子配置をフントの規則に従って示せ。

解 答

(1) フントの規則は『同じエネルギーの軌道に電子が配置する場合には，許される限りスピンを平行にして異なる軌道に入る』という規則である。

(2) $_{25}$Mn 原子の3sと3p軌道には電子がすべて詰まっている（$3s^2$，$3p^6$）。次に4s軌道は3d軌道よりもエネルギー準位が低いので，先に4s軌道に2個の電子が詰まった後，フントの規則に基づいて3d軌道に電子が平行に配置する（$3d^5$，$4s^2$）。この電子配置を表すと次のようになる。

解 説

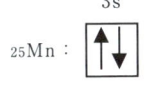

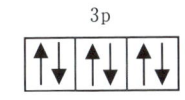

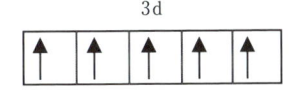

基底状態のC原子の電子配置は $1s^2$，$2s^2$，$2p^2$ である。$2p_x$，p_y，p_z 軌道への電子の配置は幾つか考えられる。(1)と(2)の配置は電子間の反発が大きくなるために，このような配置は通常起こらない。(3)はフントの規則に基づいた電子配置で，電子間の反発が最も小さいことが特徴である。

第1編　基礎理論編

> **スレーターの規則**
> (1) 着目する電子より外側の軌道の電子は，遮蔽に寄与しない。
> (2) 着目する電子と同じグループの軌道にあるほかの電子からの寄与は，電子1つにつき0.35とする。ただし1s軌道のときだけは0.30とする。
> (3) 着目する電子がsとpの軌道にあるときは，主量子数が1小さい軌道の電子の遮蔽の寄与は電子1個につき0.85とする。その内側の軌道の電子の寄与は電子1個につき1.00とする。
> (4) 着目する電子がdまたはfの軌道にあるときは，その軌道より内側にある電子の寄与は電子1個につき1.00とする。

例題 2-13 基底状態における $_{14}Si$ の最外殻の1個の電子の有効核電荷 Z_{eff} を求めよ。

解　答

$_{14}Si$ の電子配置は $1s^2$, $2s^2$, $2p^6$, $3s^2$, $3p^2$ である。$_{14}Si$ の有効核電荷 Z_{eff} はスレーターの規則に基づき，最外殻電子に及ぼす核電荷の引力（陽子数 $Z=14$）から内側のそれぞれの軌道の電子，および同じグループの軌道の電子の遮蔽を差し引くと求めることができる。式で表せば次のようになる。

$$(Z番目の電子が感じる有効核電荷 Z_{eff})$$
$$= (陽子数 Z) - (遮蔽定数 S) \tag{2-10}$$

$$Z_{eff} = 14 - \{(1s電子の遮蔽) + (2s, 2p電子の遮蔽) + (3s, 3p電子の遮蔽)\}$$
$$= 14 - \{(1.00 \times 2) + (0.85 \times 8) + (0.35 \times 3)\}$$
$$= +4.15$$

なお，1s電子，2s,2p電子および3s,3p電子のそれぞれの遮蔽定数はコラムに示す。

解　説

有効核電荷とは，多電子原子系において，最外殻電子（または着目する電子）が感じる原子核からの電荷のことをいう。たとえば水素原子のように電子が1個しかないとき，その電子（−1）は原子核の正電荷をクーロン力により +1 の影響を受ける。ところが多電子原子系においては，外側の軌道の電子は内側の軌道を占める電子によって斥力を受ける。この斥力を遮蔽という。このように，原子の内側の軌道を占める電子は核電荷の引力を受け，外側の軌道を占める電子は内側の軌道を占める電子によって斥力を受ける。すなわち

$$\begin{pmatrix} 外側の軌道を占める電 \\ 子が内側から受ける力 \end{pmatrix} = (核電荷の引力) - (内側の電子の斥力)$$

と表すことができる。なお内側の電子の斥力（遮蔽定数）および同じグループの軌道にあるほかの電子からの斥力は，欄外に示したスレーターの規則の(1)〜(4)に示すように主量子数 n と方位量子数 l（ns, np, nd, nf 軌道）によって異なる。例題の場合，スレーターの規則の(2)と(3)に基づいた遮蔽効果が寄与している。

2.6 周期表と原子の性質

> **例題 2-14** 以下の文章の（　　）内に適切な語句，数値を記入せよ。
>
> 　周期表は元素を（①　　）の順に並べたものである。周期表の縦の列を族といい，1族から（②　　）族まである。周期表の横の列を周期といい，第1周期から第（③　　）周期まである。1，2族および12〜18族の元素を（④　　）元素といい（注1），3〜11族は（⑤　　）元素とよばれる。一方，1族と2族はs軌道に順次電子が配置されるのでs-ブロック元素という。13〜18族は同じ理由で（⑥　　）-ブロック元素，第4周期から第6周期までの3〜12族は（⑦　　）-ブロック元素，また第6，第7周期の3族に属する元素群を（⑧　　）-ブロック元素という。

解　答

① 原子番号，② 18，③ 7，④ 典型，⑤ 遷移，⑥ p，⑦ d，⑧ f

解説

　典型元素は周期表の1族，2族と12族から18族の元素をいい，3族から11族の元素は遷移元素とよばれる。一方，最外殻電子が埋まっていく軌道に基づいた分類法としては，sブロック元素（1〜2族元素），pブロック元素（13〜18族元素），dブロック元素（3〜12族元素），fブロック元素（ランタノイドおよびアクチノイド）のように分類される。なお亜鉛に代表される12族元素は遷移元素と同様に第4周期から現われるために，周期表上では遷移元素と見なす事ができる。ところが1997年，IUPACにおいて遷移元素は「完全に満たされていない（閉殻していない）d軌道をもつ元素，あるいは完全に満たされていないd軌道をもったイオンを生成する元素」と定義された。たとえばZnの電子配置は$3s^{10}4s^2$である。したがって12族元素は典型元素の仲間に加わることになった。なお亜鉛族の3つの元素（Zn，Cd，Hg）は他の遷移金属元素とは異なり，いずれも蒸気圧が高く，揮発性が高いことが特徴としてあげられる。

第1編　基礎理論編

周期表の歴史

　元素の周期性は1800年代半ばから後半にわたってその基礎がつくられた。シャンクルトア（1820〜1886）は元素を原子量の順に並べると，原子量が16大きくなると性質の似た元素が現れることを報告した。これはLi(7)とNa(23)とK(39)の間には原子量が16異なり，互いに物理化学的性質が類似していたことによる。そのほかにO(16)とS(32)，F(19)とCl(35)などがあげられる。ニューランズ（1837〜1898）は元素を原子量の順に並べると性質の似た元素が8番目ごとに現れることを発見した。現代風に表現すれば，$_3$Liと$_{11}$Na，$_8$Oと$_{16}$S，$_9$Fと$_{17}$Clなどである。これは第2，第3周期の典型元素の族に相当する。

　1869年，メンデレーエフ（1834〜1907）は論文「元素の諸特性とその原子量の関係」において，63種の元素を原子量の順に配列し，発見されていない元素の部分は空欄とした周期表を発表した。たとえばアルミニウム（27）およびケイ素（28）に類似した元素の存在を予言し，空欄にはエカアルミニウム（68）およびエカケイ素（70）などを配置し，その性質も予言した。その後，それぞれに相当するガリウムGaやゲルマニウムGeが発見され，彼の周期表は高い評価を受けることになった。ただ彼は元素を原子量の順に並べていたために，現在の周期表とは異なった元素の順番となっている部分が見られた。現在の周期表は原子番号の順に配列されているが，同時に量子力学に基づく原子模型と対応したものである。

> **例題 2-15**　典型元素の第1イオン化エネルギーは周期表において，
> (1)　同族では下に行くほど小さくなる。
> (2)　同一周期では右に行くほど大きくなる。
> この理由を原子半径と遮蔽効果を用いて説明せよ。

解 答

(1)　周期表の同じ族では，下に行くほど（原子番号が大きいほど）最外殻の主量子数が大きくなるために，その軌道のエネルギーが大きくなる。同時に軌道の広がりは増加し，原子核からの静電引力は小さくなる。その結果，原子半径は大きくなり，同時にイオン化エネルギーは小さくなる。

(2)　周期表の同一周期では，右にいくに従い核電荷が増加し，同一殻内の他の電子が有効な遮蔽効果を及ぼさなくなるため，原子核からの静電引力は大きくなる。その結果，原子半径は小さくなり，同時にイオン化エネルギーは大きくなる傾向がある。

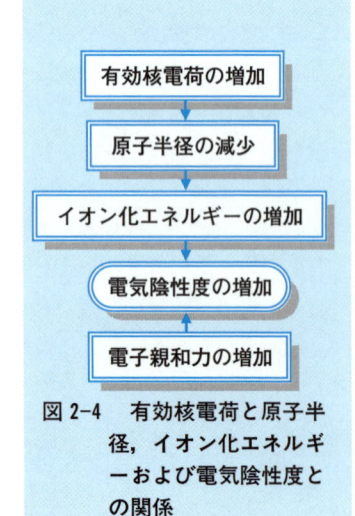

有効核電荷の増加
↓
原子半径の減少
↓
イオン化エネルギーの増加
↓
電気陰性度の増加
↓
電子親和力の増加

図2-4　有効核電荷と原子半径，イオン化エネルギーおよび電気陰性度との関係

解説

原子半径，イオン化エネルギー，電気陰性度は互いに密接に関係しており，有効核電荷との関係でこれらを説明することができる。脚注の図にその関係を模式的に表す（図2-4参照）。

> **例題 2-16** H原子の電気陰性度 χ を下記のポーリングの式を用いて求めよ。ただし F_2, HF, H_2 の分子の結合エネルギー E はそれぞれ $E_{AA}=155$ kJ/mol, $E_{AB}=566$ kJ/mol, $E_{BB}=432$ kJ/mol とする。また F 原子の電気陰性度を $\chi_A=4.0$ とする。
> $$\chi_A - \chi_B = 0.102\sqrt{E_{AB} - \sqrt{E_{AA} \cdot E_{BB}}} \quad (2\text{-}11)$$

解答

H原子の電気陰性度を χ_B とし，ポーリングの式に数値を代入すると $\chi_B = 2.21$ となる。

$$\chi_B = 4.0 - 0.102\sqrt{566 - \sqrt{155 \times 432}} = 2.21$$

解説

結合している原子が共有電子対を引き寄せる度合いを数値で表したものを電気陰性度（electronegativity；χ）といい，分子や化合物の極性を決める重要な値である。一般に，小さな原子は大きな原子よりも電子を引き付けやすく，最外殻電子の数が多いものほど電子を引き付けやすい傾向をもっている（希ガス元素を除く）。

ポーリング（Pauling）は2原子間の結合エネルギー（単位はeV）に基づいて電気陰性度 χ_P を定義した。分子 A-B の結合エネルギーを E_{AB} とし，A-A，B-B の2つの分子の結合エネルギーをそれぞれ E_{AA}，E_{BB} とし，いずれも共有結合であれば

$$E_{AB} = \sqrt{E_{AA} \cdot E_{BB}} \quad (2\text{-}12)$$

となる。A-B の結合にイオン性（極性）が生じ，新たに余剰エネルギー ΔE_{AB} が加わると

$$\Delta E_{AB} = E_{AB} - \sqrt{E_{AA} \cdot E_{BB}} \quad (2\text{-}13)$$

の関係となる。すなわち分子 AB の実測の結合エネルギー E_{AB} はイオン結合性による寄与分 ΔE_{AB} だけ大きい。ここで結合のイオン性の大きさは，A原子とB原子の電気陰性度の差（$\chi_A - \chi_B$）の2乗に比例するとすれば，次式で表される。

$$\chi_A - \chi_B = \sqrt{\Delta E_{AB}} = \sqrt{E_{AB} - \sqrt{E_{AA} \cdot E_{BB}}} \qquad (2\text{-}14)$$

なお結合エネルギーを kJ/mol で表わす際は，1 eV＝96.435 kJ/mol より $\sqrt{1/96.435} = 0.102$ の係数を掛けなければならない。

例題 2-17 H 原子の電気陰性度 χ を下記のマリケンの式を用いて求めよ。ただし H 原子のイオン化エネルギー IE＝1312.1 kJ/mol および電子親和力 EA＝72.8 kJ/mol とする。

$$\chi_M = \frac{0.0104(IE + EA)}{5.6} \qquad (2\text{-}15)$$

解 答

マリケンの式に数値を代入すると水素原子の電気陰性度 χ_M＝2.57 となる（文献値は 2.21 である）。

$$\chi_M = \frac{0.0104(1312 + 73)}{5.6} = 2.57$$

解 説

電気陰性度の大きな原子は電子を受け取りやすく（電子親和力 EA の値が大きく），電子を放出しにくい（イオン化エネルギー IE の値が大きい）性質をもつことが期待される。これをもとに，マリケン(Mulliken)は電気陰性度 χ_M をイオン化エネルギー IE と電子親和力 EA（単位はいずれも eV）の平均値として定義した。

$$\chi_M = 1/2(IE + EA) \qquad (2\text{-}16)$$

マリケンによって提案された電気陰性度 χ_M とポーリングによって求められた χ_P はそれぞれ定義が異なっているので，両者の値を比較しうるものとするためにマリケンの式を 5.6 で除したものが通常もちいられる。またイオン化エネルギーおよび電子親和力の単位として kJ/mol を用いる場合は，1 eV＝96.435 kJ/mol より 1/96.435＝0.0104 の係数を掛けなければならない。

イオン化エネルギーと電子親和力の符号

イオン化エネルギー IE は『原子から電子を取り去り，陽イオンをつくる反応で吸収されるエネルギー』と定義され，次式で表される。

$$A(g) \longrightarrow A^+(g) + e^-(g)$$

この定義から，イオン化エネルギー IE は正が吸熱を表すために熱力学的諸量と符号は一致する。またイオン化エネルギーは負の値をとることはない。

電子親和力 EA は『原子と電子が結合して陰イオンをつくる反応で放出されるエネルギー』と定義され，次式で表される。

$$A(g) + e^-(g) \longrightarrow A^-(g)$$

この定義から，正は発熱，負は吸熱を表すことになり，熱力学で表す符合とは異なることになる。また電子親和力は正と負の値を示す。

電子親和力と熱力学的諸量の符号を適合させるために，『気相の原子が電子を受け取る反応の標準反応エンタルピーを電子取得エンタルピー $\Delta H_E(=-a\,\mathrm{kJ/mol})$』と定義した。この定義は電子親和力の符号を逆にしたことに相当する。このように電子親和力を議論するとき，イオン化エネルギー $EA=a\,\mathrm{eV}$ と電子取得エンタルピー $\Delta H_E=-a\,\mathrm{kJ/mol}$ のいずれを用いるかを明確にしておくことが求められる。

第 2 章　章末問題

問題 2–1

$^{206}_{82}\mathrm{Pb}$ と $^{208}_{82}\mathrm{Pb}$ で表わされる原子に対する次の各問いに答えよ。

(1) 下付きと上付きの数字はそれぞれ何とよばれるか。
(2) 下付きと上付きの両者の数字の関係を示せ。
(3) これら 2 つの原子を互いに何とよぶか。

問題 2–2

$^{12}\mathrm{C}$ と $^{13}\mathrm{C}$ の統一原子質量はそれぞれ 12 u および 13.003356 u であり，存在比はそれぞれ 98.93% および 1.07% である。炭素の原子量を小数点以下 3 位まで求めよ。

問題 2–3

いま仮に 2 個の陽子と 2 個の中性子が核融合して $^4\mathrm{He}$ の原子核（その質量を 4.001512 u とする）を形成したとする。このとき発生するエネルギー kJ/mol を $\Delta E=\Delta mc^2$ の関係に基づいて求めよ。ただし，発生するエネルギーはすべて質量欠損によるものとする。なお陽子と中性子の統一原子質量はそれぞれ 1.007273 u および 1.008665 u，真空中の光の速度 $c=2.9980\times 10^8\,\mathrm{m\cdot s^{-1}}$ とする。また $1\,\mathrm{u}=1.660539\times 10^{-27}\,\mathrm{kg}$ である。

問題 2–4

ボーアの原子模型において，水素原子の基底状態（$n=1$）における軌道半径 $r_{n=1}$ を a_0，また基底状態（$n=1$）における軌道のエネルギー $E_{n=1}$ を $-\varepsilon_0$ で表わすと，$n=2, 3, 4, \cdots n$ のときの軌道半径 r_n とその軌道上の電子のエネルギー E_n はそれぞれどのように表されるか。（例題 7 参照）

問題 2-5

量子数 $n=1$ のときの，ボーア原子模型の原子軌道の円周（$L=2\pi n^2 a_0$）とドブロイ波の波長（$\lambda = h/mv = h/p = 2\pi/k$）をそれぞれ求め，両者の関係を述べよ。ただし，ボーア半径 $a_0=5.291\times 10^{-11}$ m，プランク定数 $h=6.626\times 10^{-34}$ J·s，電子の静止質量 $m=9.109\times 10^{-31}$ kg，電子の速度 $v=2.188\times 10^6$ m·s^{-1} とする。

問題 2-6

以下の原子の基底状態における電子配置を示せ。

（電子配置の表現例 Be：[He]2s^2，Si：[Ne]3s^{2}3p^2）

(1) C　　(2) Ne　　(3) Na　　(4) Cl　　(5) Mn

問題 2-7

図に第4周期までの元素の有効核電荷（典型元素の場合は最外殻電子の，また遷移元素の場合はd軌道を占める電子の有効核電荷）と原子番号の関係を示す。同一周期では右に行くにしたがい有効核電荷は増加する傾向がみられる。この理由を述べよ（例題2-15参照）。

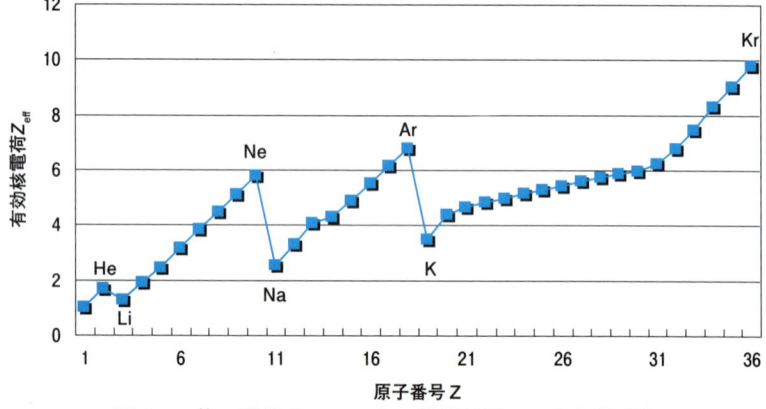

図2-5　第4周期までの元素の最外殻電子の有効核電荷
（ただし $Z=21\sim 30$（遷移元素）はd軌道上の電子の Z_{eff}）

問題 2-8

原子の大きさに関する次の問いに答えよ。

(1) 周期表の下に行くほど原子半径は大きくなる理由を述べよ。

(2) 周期表の同一周期では右に行くほど原子半径は小さくなる理由を述べよ。

章末問題 解答

問題 2-1

表 2-7 原子番号と質量数の表し方

		$^{206}_{82}\text{Pb}$	$^{208}_{82}\text{Pb}$
(1)下付き数字	原子番号（陽子数）	82	
(1)上付き数字	質量数	206	208
(2)(質量数)−(原子番号)=(中性子数)		124	126
(3) 2つの原子の関係		同位体	

問題 2-2

表 2-8 原子量の求め方

核種	統一原子質量 [u]	存在比 [%]	原子量
^{12}C	12.000000	98.93	12.011
^{13}C	13.003356	1.07	

原子量は，各同位体の統一原子質量 [u] をそれぞれの存在比に基づいて加重平均して求められた平均質量を統一原子質量単位 [u] で割った値である。したがって原子量に単位はない。{(12.000000[u]×0.9893) + (13.003356[u]×0.0107)}/[u] = 12.011[u]/[u]。

問題 2-3

質量欠損 Δm は次式で表される。

Δm = {(原子核を構成する粒子の質量の和) − (実測した原子核の質量)}
 = {(1.007273 u×2) + (1.008665 u×2)} − 4.001512 u
 = 0.030364 u

質量欠損に相当するエネルギーは次のようになる。

ΔE = $\Delta m c^2$
 = 1.660539×10^{-27} [kg] × 0.030364 × $(2.9980 \times 10^8)^2$ [m²·s⁻²]
 = 4.532×10^{-12} [m²·kg·s⁻²] = 4.532×10^{-12} J

またエネルギーを kJ/mol で表わすと次のようになる。

 = 4.532×10^{-15} kJ × 6.022×10^{23} mol⁻¹ = 2.729×10^9 kJ/mol

問題 2-4

ボーアの原子模型の軌道半径 r_n は次に示すように n^2 の割合で増加する（式 (2-6) 参照）。

$r_n = n^2 a_0$ （$n = 1, 2, 3, \cdots$）

軌道エネルギーは次に示すように $1/n^2$ の割合で減少する（式 (2-7) 参照）。

$E_n = -\varepsilon_0 / n^2$ （$n = 1, 2, 3, 3, \cdots$）

その結果を以下に示す。

表 2-9 水素原子の軌道半径と軌道エネルギー

n	1	2	3	4	n
軌道半径	a_0	$4a_0$	$9a_0$	$16a_0$	$n^2 a_0$
軌道エネルギー	$-\varepsilon_0$	$-\varepsilon_0/4$	$-\varepsilon_0/9$	$-\varepsilon_0/16$	$-\varepsilon_0/n^2$

問題 2-5

ボーア原子軌道の円周 $L = 2\pi \times 5.291 \times 10^{-11}$ m

$$= 3.324 \times 10^{-10} \text{ m}$$

ドブロイ波の波長 $\lambda = 6.626 \times 10^{-34}$ J·s/
$$(9.109 \times 10^{-31} \text{ kg} \times 2.188 \times 10^{6}) \text{ m·s}^{-1}$$
$$= 3.325 \times 10^{-10} \text{ m}$$

量子数 $n=1$ のときのボーア原子軌道はドブロイ波の1波長に等しい。

問題 2-6

(1) ［He］$2s^2 2p^2$　(2) ［He］$2s^2 2p^6$＝［Ne］　(3) ［Ne］$3s^1$

(4) ［Ne］$3s^2 3p^5$　(5) ［Ar］$3d^5 4s^2$

問題 2-7

周期表の同一周期では右に行くに従い原子番号（核電荷）は増加し，その増加数だけ同一殻内電子の数も増える。ところで，着目する電子よりも内側の殻の電子は有効な遮蔽効果を及ぼすが，同一殻内の他の電子は有効な遮蔽効果を及ぼさない。すなわち，同一周期で右に行くことは同一殻内の電子が増加することに相当するので，核電荷の増加を打ち消せず，有効核電荷は増加する。

問題 2-8

(1) 周期表の同じ族では，下に行くほど（原子番号が大きいほど）最外殻の主量子数が大きくなるため，その軌道のエネルギーが大きくなり，原子核からの静電引力は小さくなる。その結果，原子半径は大きくなる（同時にイオン化エネルギーは小さくなる）。

(2) 周期表の同一周期では，右にいくに従い核電荷が増加し，同一殻内の他の電子が有効な遮蔽効果を及ぼさなくなるため，最外殻電子に対する原子核からの静電引力は大きくなる。その結果，原子半径は小さくなる（同時にイオン化エネルギーは大きくなる）傾向がある（例題2-14参照）。

第 3 章
化学結合

　原子が互いに結びついて生成した分子の性質は，原子間の結合様式，結合の強さおよび電子の偏りによって，また形成された分子の形や電子の分布状態によってその物理・化学的性質がほぼ決定される。本章では原子軌道と分子軌道を含む化学結合の仕組みをまず理解し，分子の基本的な性質である結合の極性とイオン性および分子の極性などを総合的に学ぶ。

3.1　化学結合の初期理論―八隅説

> **例題 3-1**　H_2, Cl_2, O_2, N_2, H_2O, NH_3, CH_4 の各分子を，ルイス構造式（電子式）で表せ。

解　答

以下に各分子のルイス構造を示す。

H_2	Cl_2	O_2	N_2	H_2O	NH_3	CH_4
H:H	:Cl:Cl:	O::O	N:::N	:O:H 　H	H:N:H 　H	H:C:H H　H

図 3-1　分子のルイス構造

解説

　ルイス構造式はいわゆる電子式で，元素記号のまわりに最外殻電子を点で表したものである。分子を形成するときは電子対を形成するために，水素を除く多くの元素は 8 個の電子に取り囲まれる。ルイス（Lewis）は「原子の核外電子は核を中心とする立方体の 8 つの頂点に配置し，すべての頂点が電子で占有されたときにその原子は安定である。また原子はその八隅が電子で占められるように他の原子と化学結合する傾向がある（八隅説）」と考えた。考えられた八隅はネオンなどの希ガスの閉殻構造に相当するもので，典型元素（価電子が s, p 軌道電子）の化合物には良く当てはまる。なお O_2（O=O）や N_2（N≡N）分子のように二重結合や三重結合の場合，原子間の 4 個および 6 個の電子はそれぞれの

原子に所属していると考えると，それぞれの原子は八隅を形成していることが理解できる。ルイス構造は分子中の非共有電子対の数が明確に表現されることが特徴である。

3.2　量子力学による結合論と共有結合

> **例題 3-2**　炭素原子は，基底状態では次のような電子配置をしている。 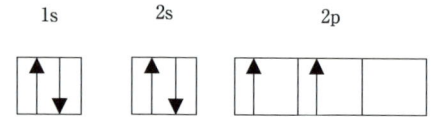
>
> 　　　1s　　　2s　　　　2p
>
> 不対電子は2個あるので，原子価は2であることが考えられる。ところが炭素の化合物はCH_4に代表されるように原子価は4である。この理由を混成軌道に基づいて説明せよ。

解　答

化学結合形成時には，炭素原子は2s軌道の1個の電子が昇位して空いた2p軌道に入る。さらに2s軌道と3個の2p軌道は混じり合い，4つの等価な軌道（sp^3混成軌道）を形成する。4つの等価な軌道にはフントの規則に基づき電子が1個ずつ詰まるので，下図のように不対電子は4個存在することになる。その結果，原子価は4になる。

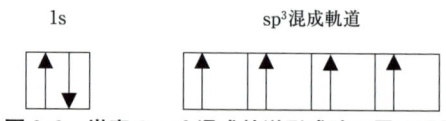

　　　1s　　　　　　　sp^3混成軌道

図 3-2　炭素のsp^3混成軌道形成時の電子配置

解　説

図3-3に(1)基底状態，(2)励起状態，および(3)混成状態における原子の各軌道のエネルギー状態と電子配置を示す。基底状態ではフントの法則に基づき電子が配置される。原子の結合時には2s軌道の1個の電子が空いている2p軌道に入る。この電子の移動を「昇位」という。昇位に要するエネルギーは結合形成時に補われる。昇位後に2s軌道と2p軌道は混じり合い，エネルギー的により安定な4つの等価な新たな軌道が形成される。この軌道を「混成軌道」という。混成軌道においてもやはりフントの法則に基づき電子が配置される。このように化合物を形成するとき多くの原子は混成軌道を形成する。

混成軌道

混成軌道にはs軌道とp軌道が交じり合うsp^3混成軌道，sp^2混成軌道，sp混成軌道などに加え，s軌道，p軌道およびd軌道が混じるsp^3d^2混成軌道などがある。

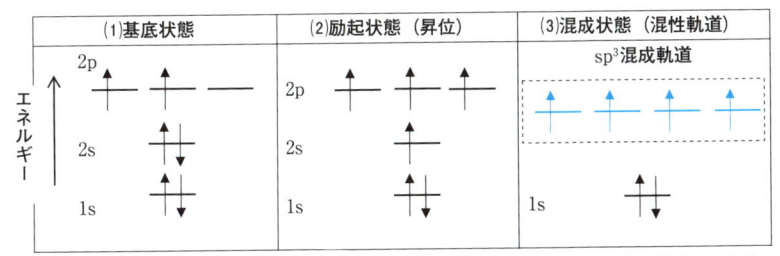

図 3-3 混成軌道の形成に伴う電子配置と原子軌道のエネルギー準位の変化

> **例題 3-3** C₂H₆（エタン），C₂H₄（エチレン），C₂H₂（アセチレン）の C–C 間は単結合，二重結合および三重結合である。以下の各問いに答えよ。
> (1) 各化合物中の炭素原子の混成軌道の名称を述べよ。
> (2) C–C 間の結合に関与している結合の種類（σ 結合と π 結合）とその数を述べよ。
> (3) C–C 間の σ 結合と π 結合にそれぞれ関与している軌道名（混成軌道を含む）を述べよ。

解答

表 3-1 単結合，二重結合，三重結合の C–C 結合部の特徴

分子	C₂H₆(エタン)		C₂H₄(エチレン)		C₂H₂(アセチレン)	
C–C 間の結合次数	単結合		二重結合		三重結合	
(1) 混成軌道名	sp³ 混成軌道		sp² 混成軌道		sp 混成軌道	
(2) 結合の種類とその数	σ 結合	π 結合	σ 結合	π 結合	σ 結合	π 結合
	1	0	1	1	1	2
(3) 結合に関与している軌道名	sp³ 混成軌道	——	sp² 混成軌道	p_z 軌道	sp 混成軌道	p_y, p_z 軌道

解説

C₂H₆（エタン），C₂H₄（エチレン），C₂H₂（アセチレン）の分子模型を図 3-4 に示す。分子模型からそれぞれの分子の混成軌道，p_x, p_y, p_z の各軌道，および σ 結合と π 結合の関係がわかる。

> **例題 3-4** CH₄ を構成する C 原子は sp³ 混成軌道を形成し，4 つの H 原子と等価な結合しているために H–C–H の結合角はいずれも 109.5° である。NH₃ や H₂O を構成している N 原子や O 原子もやはり sp³ 混成軌道を形成していると考えることができるが，H–N–H および H–O–H の

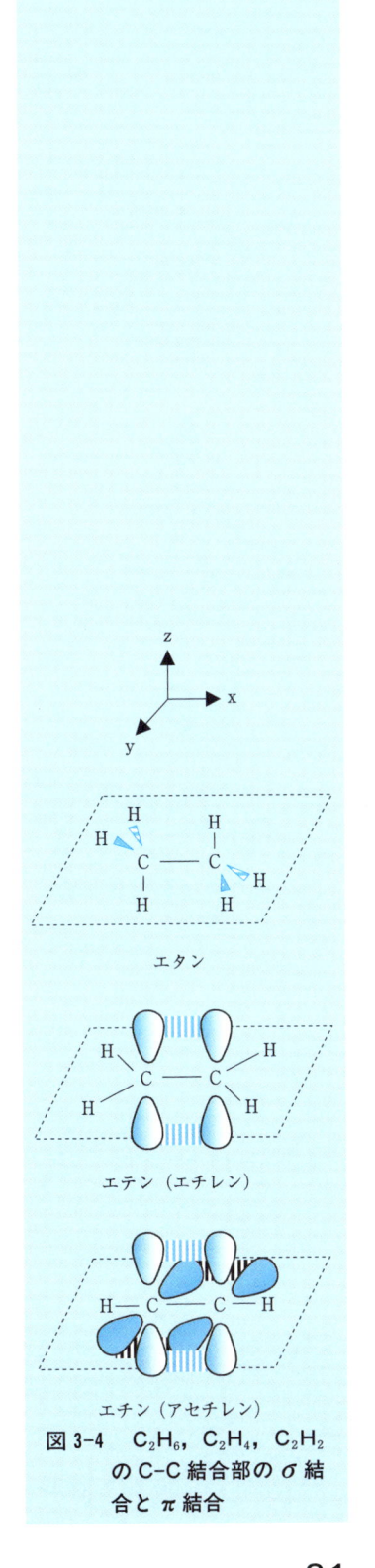

図 3-4 C₂H₆，C₂H₄，C₂H₂ の C–C 結合部の σ 結合と π 結合

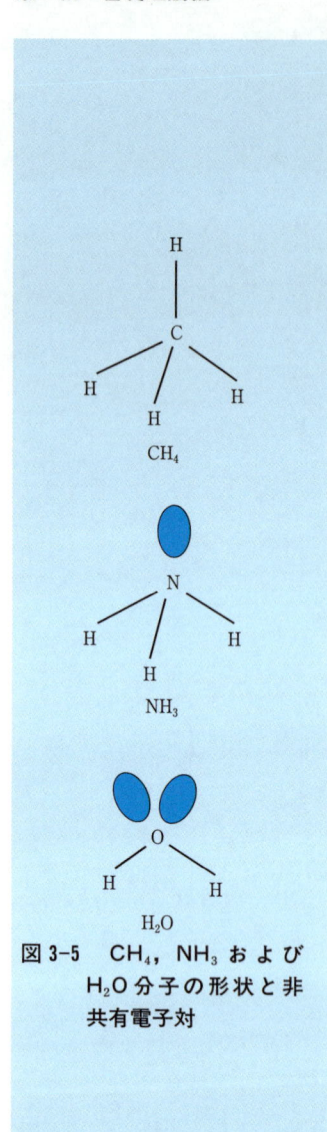

結合角は，それぞれ 106.7° および 104.5° と小さくなっている。その理由を非共有電子対（孤立電子対）の効果に基づいて述べよ。

解 答

NH₃ 分子中には 1 つの非共有電子対がある。電子密度の大きな非共有電子対は 3 つの N-H 結合の共有電子対と反発し，H-N-H の結合角を狭めたために 106.7° になったと説明できる。H₂O 分子中には 2 つの非共有電子対があり，互いに大きく反発してその角度が大きくなるのと同時に，2 つの O-H 結合の共有電子対と反発するために，H-O-H の結合角を狭めたと考えられる。その結果，H-O-H の結合角は 104.5° と最も小さくなったと説明できる。

解 説

CH₄ と非共有電子対をもった NH₃ と H₂O の構造を図 3-5 に示す。共有電子対や非共有電子対間では静電的反発が起こり，分子の構造を決定していると考えられている（原子価結合理論）。反発の大きさは，〔共有電子対―共有電子対〕<〔共有電子対―非共有電子対〕<〔非共有電子対―非共有電子対〕の順である。したがって 2 つの非共有電子対をもつ H₂O の H-O-H の結合角が最も小さくなる。

図 3-5 CH₄，NH₃ および H₂O 分子の形状と非共有電子対

例題 3-5 水素は二原子分子 H₂ を形成するが，ヘリウムは He₂ 分子を形成せず単原子分子である。これに関して次の各問に答えよ。

(1) H₂ 分子と He₂ 分子のそれぞれ分子軌道エネルギー準位図と電子配置を描け。
(2) 結合次数をそれぞれ求めよ。
(3) 結合次数に基づき H と He はそれぞれ 2 原子分子と単原子分子を形成することを説明せよ。

解 答

(1) 分子軌道エネルギー準位と電子配置

	水素分子 H₂			ヘリウム分子 He₂		
	原子軌道	分子軌道	原子軌道	原子軌道	分子軌道	原子軌道
	↑ σ*	←反結合性軌道	↑	↑↓ σ*	←反結合性軌道	↑↓
	σ	↑↓ ←結合性軌道		σ	↑↓ ←結合性軌道	

	水素分子 H_2	ヘリウム分子 He_2
(2) 結合次数	$1/2(2-0)=1$ （結合次数＝1：単結合）	$1/2(2-2)=0$ （結合次数＝0）
(3) 説明	結合次数が1であるため，H原子間は単結合を形成し，分子は安定に存在できる。	結合次数が0であるため，He原子間は結合せず，分子の形成は期待できない。その結果，単原子分子となる。

解説

2個の原子から分子が形成されるとき，それぞれの原子の原子軌道が結び付いて，2つのタイプの分子軌道が形成される。1つは，原子軌道が重なり合い軌道間の電子密度が高くなる軌道で，結合性軌道という。結合性軌道は原子軌道より低いエネルギー準位の（安定な）軌道であるため，この軌道に配置した電子は原子を結びつける役割をする。もう1つは，原子軌道が重なり合うとき軌道間の電子密度が疎となる軌道で，反結合性軌道という。これは原子軌道よりも高いエネルギー準位の軌道である。反結合性軌道に電子が入ると，結合をむしろ不安定にする。結合に関与する正味の電子対の数を表す結合次数は次の式で求められる。

$$(結合次数) = \frac{1}{2}\{(結合性軌道の電子数) - (反結合性軌道の電子数)\} \qquad (3\text{-}1)$$

結合次数が0であれば，原子間に結合は形成されない。したがって希ガス元素は2原子分子を形成せず，すべて単原子分子である。結合次数が1，2，3であればそれぞれ，単結合，二重結合，三重結合で結合していることになる。また He_2^+ イオンであれば，結合次数は0.5となる。単結合よりは弱い結合ではあるものの，He_2^+ イオンは存在できる。

> **例題 3.6** 酸素分子 O_2 は O 原子が二重結合で結びついている。分子軌道法に基づき，酸素分子の分子軌道エネルギー準位図と電子配置を示し，結合次数を求めよ。また酸素分子は磁性分子であること（不対電子をもつこと）を説明せよ。

解答

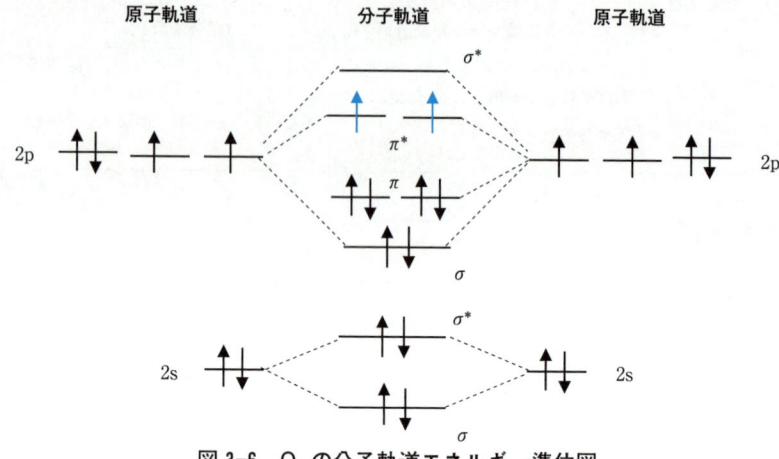

図3-6 O_2の分子軌道エネルギー準位図

酸素原子の2p軌道は分子の形成に伴い一対の σ と σ^* 軌道と二対の π と π^* 軌道が形成される。エネルギーの低い軌道から順に電子が配置され，σ 軌道には2個の電子が，2つの π 軌道にはそれぞれ2個の電子が，また2つの π^* 軌道にはそれぞれ1個ずつ電子が配置される。その結果，

　　　(O_2 の結合次数) ＝ (6－2)/2 ＝ 2

結合次数は2となり，二重結合であることがわかる。また2つの π^* 軌道に配置した1個ずつの不対電子が磁性（常磁性）の原因となる。

解説

O_2 分子の形成に伴い 2s 軌道は，結合性軌道 σ と反結合性軌道 σ^* を形成する（反結合性軌道には軌道名の右上に＊印をつける）。それぞれ

化学結合論：原子価結合法（VB法）と分子軌道法（MO法）

化学結合を説明する理論は数多くあるが，代表的な理論として原子価結合法（VB法）と分子軌道法（MO法）があげられる。原子価結合法では，(1) 電子はある1つの原子の原子軌道に局在化，(2) 最外殻電子（すなわち価電子）の存在する原子軌道間で電子対を形成，(3) 分子を形成する際に等価な混成軌道を形成，(4) 電子が非局在化した分子（共役系分子等）において複数の極限構造間で共鳴，することで化学結合が形成されるという考え方である。このように原子価結合法は，混成軌道に基づく結合状態や分子の形を良く表すので重要である。

一方，分子軌道法では，(1) 電子は分子全体に非局在化した軌道に所属，(2) 分子軌道は原子軌道よりもエネルギー準位の低い結合性軌道と高い反結合性軌道を形成，(3) エネルギーの低い軌道から順に電子が配置，することで化学結合が形成されるという考え方である。分子軌道法は結合とエネルギーの関係や磁性を理解するのに重要である。

の軌道に2個ずつ電子が配置されるので，結合次数は0となり結合に直接関与しない。2p軌道は解答に示したように一対のσとσ^*軌道と二対のπとπ^*軌道が形成される。二重に縮退したπ^*軌道に2個の電子が入るときはそれぞれ別々に入り，スピンは平行になる。分子軌道上の電子配置に基づき結合次数を求めると次のようになる。

(σとσ^*軌道に基づく結合次数) = (2−0)/2 = 1
(πとπ^*軌道に基づく結合次数) = (2−1)/2 = 0.5

すなわち1つのσ結合と結合次数0.5の2つのπ結合によって2個の酸素原子は結びつき，分子を形成しているということができる。

酸素分子が常磁性であるのは，π^*軌道上の2個の不対電子に起因している。液体酸素に強力な磁石を近づけると液体酸素は磁石に引き付けられることから，酸素の磁性は容易に確認できる。

3.3 共有結合と結合の極性およびイオン性

> **例題 3-7** H_2O分子の双極子モーメントμ[C·m]を求めよ。ただしO-Hの結合モーメントμ_iは5.04×10^{-30} C·m，H-O-Hの結合角は104.5°とする。また得られたH_2O分子の双極子モーメントμをDebye[D]単位で表わせ。ただし（1 D = 3.336×10^{-30} C·m）とする。

解 答

H_2O分子の双極子モーメントμは次ので求められる。

$$\left(5.04\times10^{-30}\times\cos\frac{104.5°}{2}\right)\times 2 = 6.19\times10^{-30} \text{ C·m}$$

D単位に換算すると次のようになる。

$(6.19\times10^{-30}) \div (3.336\times10^{-30}) = 1.86$ D

解 説

正と負の電荷$\pm q$が距離rだけ離れているものを電気双極子という。双極子モーメントμとは電荷量qと距離rを掛け合わせたもので，μとrは方向と大きさをもつベクトルである。2原子間の結合モーメントは"双極子モーメントの大きさ"（$\mu_i = qr$）で表すが，複数の結合モーメントが関与する分子ではそれぞれの結合モーメント（$\mu = qr$）のベクトル和で表される（図3-8参照）。たとえばA_2B分子の双極子モーメントは，2つのA-B結合モーメントμ_{A-B}，およびA-B-Aの結合角

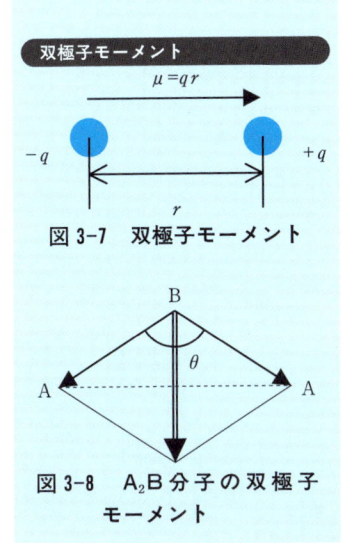

双極子モーメント

図3-7 双極子モーメント

図3-8 A_2B分子の双極子モーメント

第1編 基礎理論編

デバイ単位

双極子モーメントは SI 単位の [C·m] で表されるが，非 SI 単位である Debye [D]（1 D＝3.3356×10⁻³⁰ C·m）が用いられることも多い。Debye [D] 単位を用いた水分子の双極子モーメントは 1.86 D となり，乗数を含まない非常に使いやすい値となる。代表的な極性分子の双極子モーメント [D] を表に示す。

表 3-2　代表的な極性分子の双極子モーメント μ

分子	HCl	HBr	CO
μ/D	1.03	0.78	0.12
分子	H₂O	H₂S	NH₃
μ/D	1.86	0.95	1.49

θ_{A-B-A} から求めることができる（図 3-8 参照）。

$$\mu_{A-B} + \mu_{A-B} = \left(\mu_{A-B} \times \cos\frac{\theta_{A-B-A}}{2}\right) \times 2\ \text{C·m} \tag{3-2}$$

> **例題 3-8** 以下の表はイオン化合物の原子間距離 r と実測した双極子モーメント μ_{obs} を示している。空欄の「2つの原子が完全にイオン化したときの（計算で求めた）双極子モーメント μ_{calc}」および「両者の比（μ_{obs}/μ_{calc}）から求めた結合のイオン性」をそれぞれ求めて記入せよ。
>
> | 化合物 | 原子間距離 $r/10^{-10}\text{m}$ | 実測値 $\mu_{obs}/10^{-30}\text{C·m}$ | 計算値 $\mu_{calc}/10^{-30}\text{C·m}$ | 結合のイオン性 |
> |---|---|---|---|---|
> | HI | 1.61 | 1.5 | | |
> | HF | 0.92 | 6.1 | | |
> | LiI | 2.39 | 24.8 | | |
> | LiF | 1.56 | 21.1 | | |

解　答

表 3-3　化合物の双極子モーメントと結合のイオン性

化合物	計算値 $\mu_{calc}/10^{-30}\text{C·m}$	結合のイオン性
HI	25.8	0.058
HF	14.7	0.415
LiI	38.3	0.648
LiF	25.1	0.841

解　説

2原子間の電気陰性度の差が大きいほど片方の原子への電子の偏りが大きくなり，片方の原子に完全に電子が偏ってしまうと，典型的なイオン結合となる。これを結合のイオン性1（イオン結合性（％）が100％）という。このときの双極子モーメント μ_{calc} は，正と負の単位電荷 $\pm e$（$e=1.60\times10^{-19}$ C に相当）と原子間距離 r の積（$\mu_{calc}=er$）として表される。通常の結合のイオン性は"実測した双極子モーメント μ_{obs}"と"2つの原子が完全にイオン化したときの双極子モーメント μ_{calc}"の比（μ_{obs}/μ_{calc}）で表される。その比が 0.5 以下であれば共有結合性が大きいということができ，逆にその比が 0.5 以上であればイオン結合性が大きいということができる。例題では HI は最も共有結合性が大きく，イオン結合性（％）は 5.8 ％，LiF は最もイオン性が大きく，イオン結合性（％）は 84.1 ％ということができる。

3.4 イオン結合

> **例題 3-9** イオン間に働くクーロン力に関する次の各問いに答えよ。
> (1) 距離 r にある2つの点電荷 q_+ と q_- に働く力（クーロン力）の大きさ F を表す式を示せ。なお比例定数は k とする。
> (2) Na-Cl と Mg-O のそれぞれのイオンの間に働くクーロン力の大きさの比を求めよ。なお，それぞれの結合のイオン性は1.0（＝100 %），距離 r はそれぞれ 0.282 nm および 0.211 nm とする。

解 答

(1) $$F = k\frac{q_+ q_-}{r^2} \tag{3-3}$$

陰陽イオンの価数をそれぞれ N_+ と N_- とし，イオン性100 %であるので q を単位電荷 e で置き換えると次式となる。

$$F = k\frac{N_+ N_- e^2}{r^2} \tag{3-4}$$

(2) （Na$^+$ と Cl$^-$ 間のクーロン力）：（Mg^{2+} と O^{2-} 間のクーロン力）

$$= \left[\frac{ke^2\{(+1)\times(-1)\}}{(0.282)^2}\right] : \left[\frac{ke^2\{(+2)\times(-2)\}}{(0.211)^2}\right]$$

$$= 1 : 7.14$$

解 説

2つの点電荷 q_1, q_2 の間に働く静電気力の大きさ F [N] は kq_1q_2/r^2 で表される。これをクーロンの法則という。2つの点電荷が異符号（$q_1q_2<0$）であれば引力，同符号（$q_1q_2>0$）であれば反発力となる。比例定数 k の基本となるのは「2つの点電荷が一様な媒質中にあるときは，媒質の比誘電率 ε に反比例すること」である。この関係に基づけば，次のようになる。

$$F = \frac{1}{4\pi\varepsilon_0}\frac{N_+ N_- e^2}{r^2} \tag{3-5}$$

すなわち比例定数は $k=1/4\pi\varepsilon_0$（ε_0 は真空の誘電率）であり，式 (3-5) は2つのイオン間のクーロン力を求める式となる。ここで求めたクーロン力 F は力の単位（N=m·kg·s^{-2}）をもち，エネルギー E（J=m^2·kg·s^{-2}）との間には Fr [Nm]＝E [J] という関係がある。

3.5 金属結合

例題 3-10 金属結合は「電子の海の中に金属原子（陽イオン）が浮かんでいるモデル」,「自由電子が動き回って陽イオンを引き付けるモデル」などで良く表されるが，共有結合の特殊な例としても説明できる。すなわち「非局在化した共有結合による共鳴モデル」で表わすことができる。さらに「2原子間で電荷移動が起こり M^+ と M^- の状態が形成されるモデル」などが寄与した共鳴モデルによって説明される。このモデルを，Na 金属を例として図示せよ。

解答

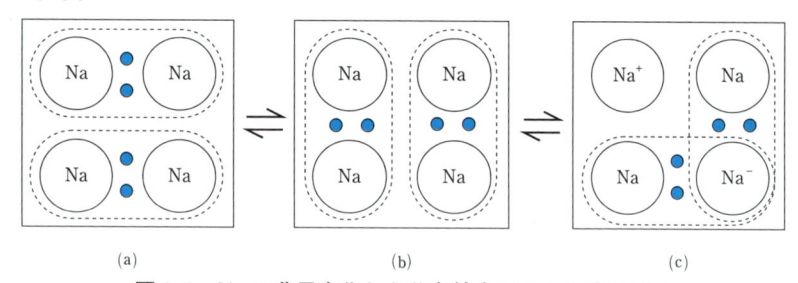

図 3-9 Na の非局在化した共有結合による共鳴モデル

解説

価電子が1個しかない Na 原子は2つの原子間でのみ共有結合できる(a)。しかし金属中の電子は自由に移動できるので，隣接する別の原子とも共有結合できる(b)。描かれた(a)と(b)の2つの構造が共鳴することによって4つの原子が共有結合したと説明できる。これを「非局在化した共有結合による共鳴モデル」という。また，2原子間で電荷移動が起こり M^+ と M^- の状態が寄与するモデルにおいては3つの Na 原子が共有結合した構造(c)が描かれる。このように(a),(b),(c)の3つが互いに共鳴することによって，より多くの原子が共有結合できると説明できる。

金属結合のモデルの特徴

例題で述べた"共有結合に基づいたモデル"は分子軌道の形成やバンド構造を考えるのに有効である。なお，"自由電子の海に浮かんでいる陽イオンのモデル"や"自由電子が動き回って陽イオンを引きつけているモデル"は，金属の電気伝導性，金属光沢，原子の最密充塡構造などを理解するのに都合の良いモデルといえる。

3.6 分子間に働く力

例題 3-11 下記の分子間にはそれぞれどのような力，ある

いは相互作用が働いていると考えられるか，答えよ。
(1) 極性分子 – 極性分子
(2) 極性分子 – 無極性分子
(3) 無極性分子 – 無極性分子

解 答

表 3-4 分子間相互作用の種類

分子の組合せ	相互作用
(1) 極性分子 – 極性分子	双極子 – 双極子相互作用
(2) 極性分子 – 無極性分子	双極子 – 誘起双極子相互作用
(3) 無極性分子 – 無極性分子	瞬間双極子 – 誘起双極子相互作用（分散力）

解説

各種の分子間に働く力は，分子間力あるいはファンデルワールス力とよばれる。これは中性分子が液体や固体を形成する際の主要な力である。ところが分子には極性分子と無極性分子があり"分子の組み合わせ"によって分子間の相互作用はそれぞれ異なっている。分子間の相互作用を詳細に見ると次のようになる。

(1) **極性分子 – 極性分子**

極性分子には分子内に $\delta+$ と $\delta-$ の部分があり双極子を形成している。形成された永久双極子間の $\delta+$ と $\delta-$ の間に静電的な相互作用を生じる。これを双極子 – 双極子相互作用といい，5〜20 kJ/mol 程度の相互作用エネルギーを示す。塩化水素やアルコールが水に溶けるとき両者に働くのが双極子 – 双極子相互作用の例である。

(2) **極性分子 – 無極性分子**

無極性分子は周囲の極性分子から静電的な影響を受けて分極する。その結果，無極性分子に双極子が生じる。これを誘起双極子という。したがって，極性分子と無極性分子の間には，双極子 – 誘起双極子相互作用が生じる。その相互作用エネルギーは上記(1)の相互作用よりも小さい。塩素や希ガスが水に溶けるとき両者に働くのが双極子 – 誘起双極子相互作用の例である。

(3) **無極性分子 – 無極性分子**

希ガスに代表される無極性分子に分布した電子は瞬間的なゆらぎのために球対称でなくなり，分極して双極子を形成する。これを瞬間双極子という。瞬間双極子を形成した分子に隣接した分子は(2)と同様に誘起双極子を生じる。したがって，瞬間双極子 – 誘起双極子相互作用を示す。その相互作用エネルギーは最も小さく，0.1〜5 kJ/mol 程度である。こ

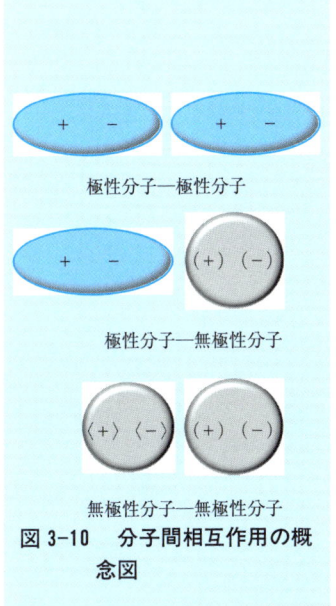

極性分子—極性分子

極性分子—無極性分子

無極性分子—無極性分子

図 3-10　分子間相互作用の概念図

れを分散力という。二酸化炭素や希ガスが液体や固体になるときに分子間に働くのが瞬間双極子－誘起双極子相互作用の例である。

> **例題 3-12** H原子を介して弱く結び付く水素結合（X—H…Y）に関する次の各問に答えよ。
> (1) H原子と結びつくXとY原子の特徴と原子の種類について述べよ。
> (2) 水素結合の原因となる力の種類と結合の強さを示せ。
> (3) 水素結合している物質の例を示せ。

解 答

(1) XとY原子はH原子より電気的に陰性な原子で，N，O，P，ハロゲン等である。
(2) 水素結合の相互作用は，静電力（クーロン力），電荷移動，分散力などの組合せによる。結合の強さは共有結合の1/10程度である。
(3) 水素結合はHF，H_2O，R-COOHなどの分子間に見られる。

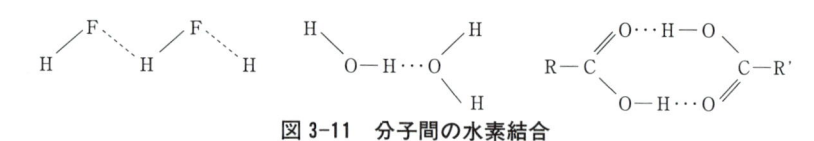

図 3-11　分子間の水素結合

解説

水素よりも電気陰性度 χ の大きい代表的な元素は以下の通りである。

表 3-5　元素の電気陰性度 χ

元素	H	N	O	F	Cl	Br
χ	2.1	3.0	3.5	4.0	3.0	2.8

$X(\delta-)$—$H(\delta+)$…$Y(\delta-)$ 結合において，X原子はH原子の電子を強く引き寄せ，H原子をほとんど陽子だけにする。Y原子はその強い陰性のために陽子受容体として働き，陽子に極度に近づいて結合を形成する。これが水素結合である。

水素結合は上に示したようにHF，H_2O，R-COOHなどの分子間に見られる。水素結合が分子間で形成されると，沸点は100℃以上上昇し，蒸発熱も上昇する。氷の結晶ではH_2O分子の酸素原子の2個の非共有電子対方向に2本のO…H間水素結合が三次元的に形成されるために，

タンパク質と水素結合

タンパク質は α-アミノ酸がペプチド結合（—CO—NH—）し，鎖状に連なった高分子であるため，C=O…H—Nの水素結合がペプチド鎖内で形成され α-ヘリックス構造（らせん構造）を形成する。さらにDNAの2重らせん構造は，アデニン-チミン，グアニン-シトシン間で多数形成された水素結合に基づいている。

図 3-12　DNAの2重らせん構造を形成する水素結合（一部）

H₂O 分子はダイヤモンド型格子を作る。また水素結合はタンパク質の基本構造を形成する上で重要な役割を担っている。

第 3 章　章末問題

問題 3-1

典型元素の多くの化合物は八偶説（オクテット則）が当てはまるが，第 3 周期以降の典型元素や遷移元素の化合物では，八偶説に当てはまらないものも数多くある。八偶説に当てはまらない化合物 SF_4，PCl_5，SF_6，$Cr(CO)_6$ について，(1) 中心原子の価電子数，(2) 結合に関与している電子数，(3) 二中心二電子結合（通常の共有結合で 2 個の原子が 2 個の電子を共有して結合）の数，および (4) 三中心四電子結合（3 個の原子を 4 個の電子で結びつける結合で，3 個の原子がそれぞれ 1 つずつ原子軌道を供給して結合性軌道，反結合性軌道および非結合性軌道を形成し，エネルギーの低い 2 つの軌道に 4 つの電子が占めて結合）の数，についてそれぞれ答えよ。ただし $Cr(CO)_6$ に関しては問 (1)，(2) のみとする。

問題 3-2

C_2H_6（エタン），C_2H_4（エチレン），C_2H_2（アセチレン）に関する次の各問に答えよ。

(1) それぞれの化合物の C-C 結合の次数は 1，2，3 であるが，C-C 結合エネルギーは 366，719，957 kJ/mol であり，必ずしも 2 倍，3 倍になっていない。その理由を述べよ。

(2) 結合次数，結合エネルギー，および結合距離の三者にはどのような関係があるか，答えよ。

問題 3-3

ポーリングによって提案された結合のイオン性に関する下記の実験式を用いて，結合のイオン性が 0.5（結合のイオン性 (%) が 50 %）になるときの原子 A と B の電気陰性度の差（$\Delta\chi_{A-B}$）を求めよ。

$$(結合のイオン性) = 1 - \exp\{-0.25(\Delta\chi_{A-B})^2\} \quad (3\text{-}6)$$

問題 3-4

表 3-6 に示した元素の電気陰性度の値を用い，各化合物の電気陰性度の差 $\Delta\chi_{A-B}(=\chi_A-\chi_B)$ を求めよ。また下記のポーリングの"結合のイオン性に関する経験式"

$$(結合のイオン性) = 1 - \exp\{-0.25(\Delta\chi_{A-B})^2\}$$

を用いて 2 原子間の結合のイオン性を求めよ。また求めた結合のイオン性に基づき共有結合性の大きな化合物とイオン結合性の大きな化合物に

分けよ。

化合物	電気陰性度の差 $\Delta\chi_{A-B}$	結合の イオン性	結合性の 分類
HI			
HCl			
HF			
LiCl			
LiF			

表 3-6　元素の電気陰性度 χ

元素	χ
H	2.1
Li	1.0
F	4.0
Cl	3.0
I	2.5

問題 3-5

NH_3 と NF_3 は非共有電子対を 1 つもつ四面体構造の分子である。N-H と N-F の電気陰性度の差はそれぞれ 0.9 と 1.0 であるため，各分子の双極子モーメントは，方向が逆でその大きさはほぼ同じであることが予想される。ところが，実測された NH_3 と NF_3 の双極子モーメントはそれぞれ 1.47 D と 0.23 D（1 D = 3.34×10^{-30} C·m）であった。この理由を電気陰性度（表にその値を示す）の差と双極子モーメントの方向，および非共有電子対の双極子モーメントへの寄与に基づいて推測せよ。

表 3-7　原子の電気陰性度

原子	H	N	F
電気陰性度 χ	2.1	3.0	4.0

問題 3-6

次に示す液体と気体の諸物性のうち，分子の双極子モーメントが大きく影響を及ぼさないものを 1 つ選び，その理由を述べよ。
(1) 沸点，(2) 融点，(3) 液体の粘性，(4) 液体の比熱容量，
(5) 気体の比熱容量

問題 3-7

Na と Cl のイオン間に働くクーロン力の大きさ F を求めよ。ただし，Na-Cl のイオン間距離 $r = 2.82\times10^{-10}$ m，単位電荷 $e = 1.60\times10^{-19}$ C，$\varepsilon_0 = 8.85\times10^{-12}$ F·m^{-1} とする。

問題 3-8

金属元素の特徴を以下の 3 つの観点から述べよ。
(1) 電気陰性度（あるいはイオン化エネルギー）の大きさ
(2) イオンの性質
(3) 酸化物の性質

問題 3-9

グラファイトは層状構造をしており，(1)電気伝導性を示し，(2)層が剥離し，また(3) KC_8 などの層間化合物を形成する。それぞれの性質をグラファイトの構造と C-C 間の結合などに基づき説明せよ。

問題 3-10

下表に 16 族元素およびその水素化物の諸物性を示す。このデータを用いて，

(1) 16 族元素の水素化物のうち，H_2O の沸点が著しく高くなっている理由を述べよ。

(2) $H_2S < H_2Se < H_2Te$ の順に沸点は高くなっている理由を述べよ。

なお，H 原子の電気陰性度は 2.1 である。

表 3-8　16 族元素とその水素化物の諸物性

16 族元素			16 族元素水素化物		
元素	原子量	電気陰性度	化合物	分子量	沸点/℃
O	16	3.5	H_2O	18	100
S	32	2.6	H_2S	34	-60.7
Se	79	2.4	H_2Se	81	-41.5
Te	128	2.1	H_2Te	130	-1.8

第1編 基礎理論編

結合のイオン性

2原子間の電気陰性度の差が約 1.67 のとき結合のイオン性は 0.5（あるいは結合のイオン性が 50%）である。これより電気陰性度の大きな差のときイオン性の大きな結合，小さな差のときはイオン性の小さな結合（共有結合性の大きな結合）であるといえる。

章末問題　解答

問題 3-1

表 3-9　八偶説に当てはまらない化合物の電子状態

	化合物	SF_4	PCl_5	SF_6	$Cr(CO)_6$
(1)	中心原子の価電子数	6	5	6	6
(2)	結合に関与した電子数	8	10	12	18[*1]
(3)	二中心二電子結合数	2	3	0	―
(4)	三中心四電子結合数	1	1	3	―

SF_4，PCl_5，は通常の共有結合（二中心二電子結合）に加え，三中心四電子結合が関与している。また中心原子が遷移元素の $Cr(CO)_6$ の場合，1つの s 軌道，3つの p 軌道に加え5つの d 軌道が関与し，中心原子が全部で 18 個の電子で占められている。

問題 3-2

(1) 結合次数の増加とともに結合エネルギーが厳密に 2 倍，3 倍とならないのは，σ 結合の結合エネルギーよりも π 結合のそれがわずかに弱いためである。

(2) 結合次数に比例して結合エネルギーは大きくなり，結合エネルギーが大きくなるほど結合距離は短くなる。

問題 3-3

$$\exp\{-0.25(\Delta\chi_{A-B})^2\} = 0.5$$
$$e^{(-0.25(\Delta\chi_{A-B})^2)} = 0.5$$
$$-0.25(\Delta\chi_{A-B})^2 = \ln 0.5$$
$$\Delta\chi_{A-B} = \sqrt{\ln 0.5/(-0.25)} = 1.67$$

問題 3-4

表 3-10　化合物の結合のイオン性と結合の分類

化合物	HI	HCl	HF	LiCl	LiF
$\chi_A - \chi_B$	0.4	0.9	1.9	2.0	3.0
イオン性	0.05	0.21	0.55	0.70	0.90
結合性の分類	共有結合性	共有結合性	イオン結合性	イオン結合性	イオン結合性

結合のイオン性が 0.5 よりも小さな HI と HCl は共有結合性の大きな化合物であり，イオン性が 0.5 よりも大きな HF，LiCl および LiF はイオン結合性の大きな化合物である。

問題 3-5

図 3-13 に示すように，NH_3 では N-H 結合モーメントと非共有電子対の双極子モーメントは加算されるのに対し，NF_3 では N-F 結合モーメントと非共有電子対の双極子モーメントは減算される。その結果，NF_3 の双極子モーメントは小さくなる。その大きさは，N-H と N-F の双極子モー

メントがそれぞれ +0.8 D と -0.8 D であり，非共有電子対が +0.6 D の結合モーメントの大きさをもっていることが推測される（図 3-14 参照）。

問題 3-6

分子の双極子モーメントが大きく影響を及ぼさないものは (5) の気体の比熱容量である。なぜならば気体は分子間の距離が離れているために，分子間力（あるいは双極子モーメント）よりも分子運動エネルギー（あるいは分子量）が比熱容量に大きく関与するからである。一方，液体の諸物性である。(1) 沸点，(2) 融点，(3) 液体の粘性，(4) 液体の比熱容量，に対しては双極子モーメント（あるいは分子間力）が大きく影響を及ぼす。

問題 3-7

$$F = \frac{1}{4\pi\varepsilon_0}\frac{N_+N_-e^2}{r^2} = -\frac{1}{4\pi\times 8.85\times 10^{-12}}\frac{(1.60\times 10^{-19})^2}{(2.82\times 10^{-10})^2} \quad (3\text{-}7)$$
$$= -2.90\times 10^{-9}\,\text{N}$$

2 つのイオン間のクーロン力を求める式に $N_+=+1$, $N_-=-1$, r, e, および ε_0 を代入する。

(注意) 真空の誘電率 ε_0 の単位は $\text{F}\cdot\text{m}^{-1}=\text{C}^2\cdot\text{s}^2\cdot\text{kg}^{-1}\cdot\text{m}^{-3}=\text{C}^2\cdot\text{J}^{-1}\cdot\text{m}^{-1}$ の関係があり，クーロン力 F の単位は $\text{J}\cdot\text{m}^{-1}=\text{N}$ の関係がある。また $F<0$ であれば引力を表し，$F>0$ であれば斥力を表す（例題 3-9 参照）。

問題 3-8

(1) 金属元素は，電気陰性度が小さく（一般に 1.8 以下），第一イオン化エネルギーも小さい。陽イオンになりやすい元素である。

(2) 陽イオンになる。原子よりも小さな大きさをもつ。水溶液中では水和している。

(3) 金属酸化物は塩基性酸化物である。

問題 3-9

グラファイトを構成する C 原子は sp² 混成軌道からなり，3 個の C 原子と正三角形の形で結びついている。全体として六員環（C-C 間の結合距離は 0.142 nm）からなる ab 面に広がる平面構造を形成している。1 つの平面（グラフェン）は巨大分子であり，これが c 軸方向に積み重なった層状構造を形成している。それぞれの性質は以下のように説明できる。

(1) 平面の上下には pz 軌道があり，ab 平面全体に広がる π 分子軌道ができている。これが電気伝導性を示し，半金属的となる。

(2) 層と層の間の結合距離は 0.335 nm で，ファンデルワールス力によって結び付いているため，力を加えると層と層は滑りあい，剥離する。

(3) 層状結晶であること，層間はファンデルワールス力によって結びついていること，および C 原子の電気陰性度は元素の中で中間的な値を持つこと，などからアルカリ金属やハロゲンなどを層間にゲストとして取り込み，層間化合物を形成する。

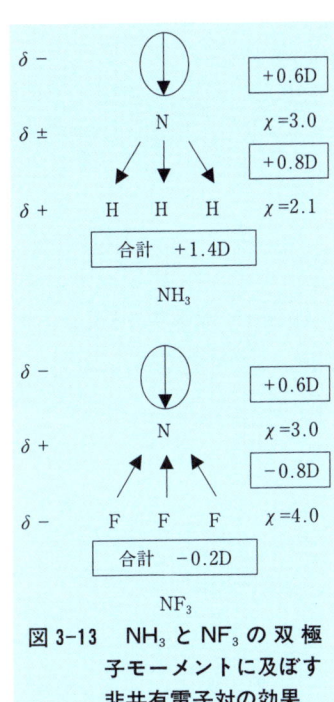

図 3-13 NH₃ と NF₃ の双極子モーメントに及ぼす非共有電子対の効果

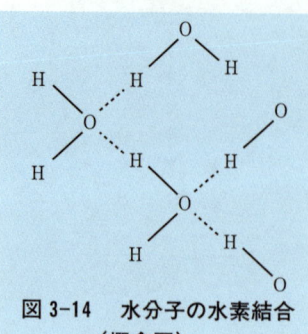

図 3-14 水分子の水素結合（概念図）

問題 3-10

(1) 水分子の分子間力の大きさは以下のように説明できる。

① H_2O 分子の O 原子と H 原子の電気陰性度の差（$\Delta \chi = 1.3$）は他と比較すると最も大きく，最も大きな極性分子であるために分子間力は最も大きい。

② H_2O 分子の O 原子の 2 個の非共有電子対方向に 2 つの O⋯H 間の水素結合が形成される。

③ 図に示すように H_2O 分子の 2 個の H 原子は他の H_2O 分子とそれぞれ水素結合するため，全体として三次元方向に水素結合が形成される（図 3-14 参照）。

このように，H_2O 分子が形成する水素結合の数の多さと広がり，および水素結合力の大きさが沸点の著しい上昇を引き起こしている。水素結合していなければ H_2O の沸点は－100℃ 付近となることが推測されることから，三次元方向の水素結合の形成は，沸点を 200℃ ほど上昇させているといえる。

(2) 水素結合をしていないその他の分子の分子間力は分子量が大きいほど（電子数が多いほど）大きくなるために $H_2S < H_2Se < H_2Te$ の順に沸点は高くなったものと考えられる。

第 4 章
固体の化学

　固体は多数の原子，イオン，分子などの粒子の凝集体であり，その多くは粒子が規則正しく配列した結晶を形成している。隣接する原子間で電子を共有し三次元的な原子凝集体を形成した共有結合結晶，隣接する陰陽イオン間のみならずその周辺のイオンと作用を及ぼし合って形成されたイオン結晶，自由電子によって原子が結び付いた金属結晶などがある。本章では，このような結晶を構成する原子間の結合の特徴，規則的な原子配列とそれによって形成された格子およびその格子による回折現象，および乱れた原子配列などについて理解を深める。

4.1　固体の結合

> **例題 4-1**　炭素の同素体であるダイヤモンド，黒鉛（グラファイト），C_{60} フラーレンおよびカーボンナノチューブの構造を図 4-1 に示す。これらの同素体に関する以下の各問いに答えよ。 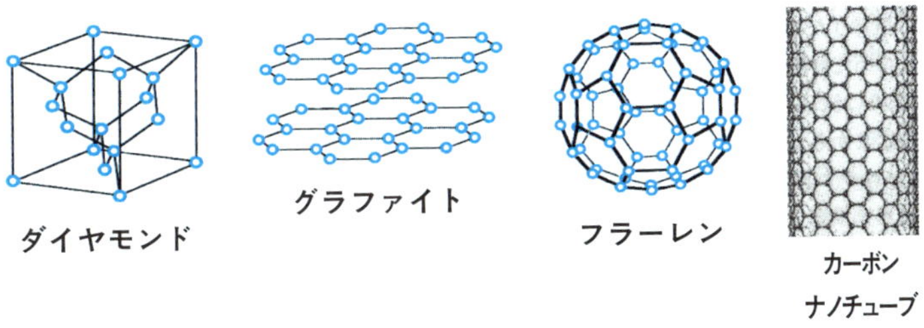
>
> ダイヤモンド　グラファイト　フラーレン　カーボンナノチューブ
>
> 図 4-1　炭素の同素体の構造
>
> (1) 炭素原子間の結合に関与する混成軌道の種類をそれぞれ述べよ。
> (2) 同素体の構造の特徴をそれぞれ述べよ。
> (3) 同素体の性質をそれぞれ述べよ。

C_{60} フラーレン

C_{60} フラーレンは 20 個の炭素六員環と 12 個の五員環から成る直径 0.7 nm のサッカーボール状構造である。サッカーボーレンあるいは同様の構造のドームを建設したデザイナーの名前をとってバックミンスターフラーレンともよばれる。C_{60} のほかにラグビーボール状の C_{70} や C_{84} などのフラーレンも見出されている。いずれも含まれる五員環は必ず 12 個と決まっている。これらを高次フラーレンとよぶ。フラーレン分子間にアルカリ金属をドープしたもの，あるいは分子内に金属原子を内包したもの（内包フラーレン）なども作られている。

解 答

表 4-1 炭素の同素体の構造と結合と性質

同素体	(1) C の混成軌道	配位数	(2)構造の特徴	(3)性質
ダイヤモンド	sp^3	4	4つの等価な σ 結合による三次元ネットワーク構造，巨大分子	絶縁体，高硬度，高屈折率，高熱伝導率
グラファイト	sp^2	3	sp^2 混成軌道間の結合で ab 平面を構成，平面の上下には p_z 軌道	p_z 軌道が重なり合い電子が自由に動けるために，高い電気伝導性，半金属
C_{60} フラーレン	sp^2	3	C 原子六員環 20 個と五員環 12 個からなるサッカーボール状の単一分子，曲面構造	剛直かつ高い弾力性をもつ球体，有機溶媒に可溶，分子結晶を形成，半導体としての性質
カーボンナノチューブ	sp^2	3	グラフェン[*1] が巻いてできた円筒構造で繊維状（円筒直径：数〜数十 nm，長さ：数百 nm）	C 原子六員環の配列[*2] の仕方により性質は異なり，金属あるいは半導体的性質，強い機械的強度

*1　グラファイトの ab 平面を構成する 1 枚のシートをグラフェンという。
*2　チューブを構成する C 原子六員環の配列にはグラフェンの巻き方の違いにより 3 種類存在する。

解 説

ダイヤモンド，黒鉛，C_{60} フラーレン，カーボンナノチューブの構造を図 4-1 に示す。

例題 4-2　NaCl の格子エネルギー U[kJ mol^{-1}] をボルン-ランデ式を用いて計算せよ。ただし，マーデルング定数 $A=1.75$，イオン間距離 $r_0=2.77\times10^{-1}$m，ボルン定数 $n=8$，単位電荷量 $e=1.60\times10^{-19}$C，Avogadro 数 $N_A=6.02\times10^{23}$ mol^{-1}，誘電率 $\varepsilon_0=8.85\times10^{-12}$ C$^2\cdot$J$^{-1}\cdot$m^{-1} とする。

解 答

NaCl は 1：1 型塩であるので，陰陽イオンの価数はそれぞれ $Z_-=-1$，$Z_+=+1$ であり，単位電荷量 e，アボガドロ数 N_A，誘電率 ε_0，およびマーデルング定数 A，イオン間距離 r_0，ボルン定数 n のそれぞれの値を次のボルン-ランデ式（4-1）に代入する。

$$U = -N_A A \frac{Z_+ Z_- e^2}{4\pi\varepsilon_0 r_0}\left(1-\frac{1}{n}\right) \tag{4-1}$$

$$U = -6.02 \times 10^{23} \times 1.75$$

$$\times \frac{(-1)(1.6 \times 10^{-19})^2}{4\pi \times 8.85 \times 10^{-12} \times 2.77 \times 10^{-10}}\left(1 - \frac{1}{8}\right)$$

$$= 766 \text{ kJ/mol}$$

解説

イオン結晶の格子エネルギーは，1 mol の陰イオンと陽イオンによって構成されている結晶を，絶対零度において個々のイオンに分離し，互いに無限遠に引き離すのに要するエネルギーをいう。これは結晶の絶対零度における昇華エネルギーに相当する（式 (4-2)）。

$$MX(s) \longrightarrow M^+(g) + X^-(g) \quad (4\text{-}2)$$

イオン結晶の格子エネルギーは，クーロン力に基づくボルン-ランデ式あるいは熱力学的関係に基づくボルン・ハーバーサイクル（例題 4-3 参照）によって間接的に求めることができる。

式 (4-1) のマーデルング定数 A とは，結晶中のある特定のイオンを原点に置き，反対符号イオンとの引力，同符号イオンからの反発力を無限遠まで順次計算していくと一定値に収束するその値をいう。NaCl であれば式 (4-3) に示すような無限級数となり，一定値に収束する。

$$A = \left(6 - \frac{12}{\sqrt{2}} + \frac{8}{\sqrt{3}} - \frac{6}{2} + \frac{24}{\sqrt{5}} \cdots \right) = 1.747558 \quad (4\text{-}3)$$

この数値を NaCl 型結晶のマーデルング定数（Madelung constant）という。マーデルング定数 A はイオン間距離によらずイオンの幾何学的配列だけに依存しているため，同じ構造の結晶であれば同じ値となる（表 4-2 参照）。

表 4-2　代表的な結晶構造のマーデルング定数

結晶構造	マーデルング定数
α-ZnS(セン亜鉛鉱)型	1.638
β-ZnS(ウルツ鉱)型	1.641
NaCl 型	1.748
CsCl 型	1.763
TiO_2(ルチル)型	2.408
CaF_2(蛍石)型	2.519

例題 4-3　次の値を用い，ボルン・ハーバーサイクルに基づいて NaCl の格子エネルギーを求めよ。

・生成熱；$Na(s) + 1/2\ Cl_2(g) \longrightarrow NaCl(s)$
$$\Delta H_f = -411 \text{ kJ/mol}$$

・昇華熱；$Na(s) \longrightarrow Na(g) \quad S = +108 \text{ kJ/mol}$

・解離熱；$Cl_2(g) \longrightarrow 2\ Cl(g) \quad D = +242 \text{ kJ/mol}$

・イオン化エネルギー；$Na(g) \longrightarrow Na^+(g) + e^-$
$$IE = +496 \text{ kJ/mol}$$

・電子親和力；$Cl(g) + e^- \longrightarrow Cl^-(g) \quad EA = +349 \text{ kJ/mol}$

解答

格子エネルギー U_0 は図 4-1 に示すように，熱化学諸量と関連づけたボルン・ハーバーサイクル（Born-Haber cycle）によって表わされる。

第 1 編　基礎理論編

電子親和力

　熱力学的諸量の 1 つである電子親和力 EA は古くから用いられてきたが、通常の熱力学的諸量とは符号が逆である（2 章のコラム参照）。近年は電子親和力の代わりに電子取得エンタルピー ΔH_E が用いられることが多い。

・電子取得エンタルピー ΔH_E：
　$Cl(g) + e^- \longrightarrow Cl^-(g)$
　$\Delta H_E = -349 \text{ kJ/mol}$
この場合は符号が負になるので、下記の U_0 の式を用いなくてはならない。

・格子エネルギー U_0：
　$U_0 = -\Delta H_f + S + D/2$
　　　　$+ IE + \Delta H_E$

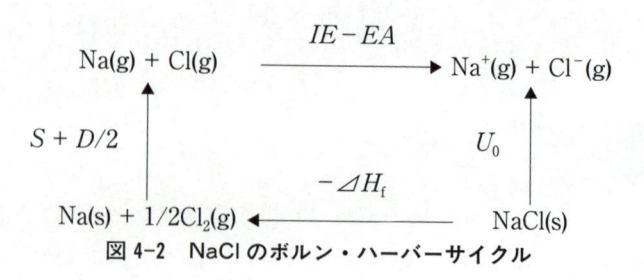

$$Na(g) + Cl(g) \xrightarrow{IE - EA} Na^+(g) + Cl^-(g)$$

左辺の上向き矢印：$S + D/2$
右辺の上向き矢印：U_0
下向き矢印：$-\Delta H_f$

$$Na(s) + 1/2\, Cl_2(g) \longleftarrow NaCl(s)$$

図 4-2　NaCl のボルン・ハーバーサイクル

格子エネルギー U_0 は式（4-4）の関係に基づいて求める。

$$U_0 = -\Delta H_f + S + D/2 + IE - EA \quad (4\text{-}4)$$

$$U_0 = 787 \text{ kJ/mol}$$

解 説

　ボルン・ハーバーサイクルは、イオン結晶の格子エネルギーを計算する間接的手段として考えられた熱力学サイクルである。現実にはイオン結晶に限らず、結合エネルギーを算出する際にも広く用いられている。例題で求めた格子エネルギー（格子エンタルピー）は、格子生成反応の標準反応熱（標準反応エンタルピー）の符号を逆にしたものに等しい。

　なおボルン - ランデ式（クーロン引力と反発力）に基づいて求められたイオン結晶の格子エネルギー U_0 とボルン・ハーバーサイクル（熱力学的諸量）に基づいて求められた格子エネルギー U_0 は互いに良い一致を示す。

例題 4-4　表 4-3 に代表的な金属単体の昇華エネルギー（結合エネルギー）と融点を示す。表をもとに以下の各問いに答えよ。

表 4-3　代表的な金属単体の昇華エネルギーと融点

元素	価電子の軌道	元素	昇華エネルギー (kJ/mol)	融点 (℃)
典型元素	s	Na	107	98
		Mg	145	649
	p	Al	327	660
		Pb	196	328
遷移元素	d, s	Fe	468	1535
		W	859	3410

(1)　遷移金属の昇華エネルギーは典型元素からなる金属単体のそれと比較すると大きい。その理由を述べよ。

(2)　遷移金属の中でも 6 族元素（Cr, Mo, W）の単体は昇

華エネルギーが大きく融点が高い。その理由を6族元素の
原子価と電子配置に基づいて推測せよ。

解　答

(1) 典型元素の金属では，s軌道とp軌道の価電子に由来する1〜4個の自由電子が金属結合に関与する。これに対し遷移金属では，さらにd軌道の電子が金属結合に関与する。したがって遷移金属は金属結合に関与する原子1個当たりの電子数が多く，昇華エネルギーが大きい。

(2) 6族の遷移金属の電子配置は，Cr：$3d^5$，$4s^1$，Mo：$4d^5$，$5s^1$，W：$5d^4$，$6s^2$である。6族の遷移金属は金属結合に関与する電子数と軌道の数が共に6であること，またこれらの元素の最大原子価はいずれも6であることが特徴である。6族の遷移金属は，このように原子価が大きく，金属結合に関与する電子の数が最も多いために昇華エネルギー（結合エネルギー）や融点が大きくなったものと推測される。

解　説

多数の原子が集合して形成された結晶の結合エネルギーは凝集エネルギーあるいは昇華エネルギーとして表される。結合エネルギーおよび凝集エネルギーは固体の構成原子（またはイオン）を互いに無限に遠く離すのに必要なエネルギーをいい，いずれも昇華エネルギーに等しい。表4-3に示すように，価電子の少ない1, 2族および13, 14族の金属の昇華エネルギーは小さい。これに対し遷移金属は結晶中ではd軌道の電子が一部昇位して価電子数を増加させている。さらに遷移金属はs軌道とd軌道の6つの軌道が混成して金属結合に関与している。その結果大きな昇華エネルギーを示す。また6族の遷移金属は結合に関与する電子数と混成軌道の数が共に6であるため昇華エネルギーは最も大きく，融点や沸点も著しく高いのが特徴である。一方，d軌道が電子で完全に満たされ，s軌道に1個の電子が配置している11族元素（Cu：$3d^{10}$，$4s^1$，Ag：$4d^{10}$，$5s^1$，Au：$5d^{10}$，$6s^1$）の昇華エネルギーは小さく，融点も低くなる。このように金属の結合エネルギーは価電子（最外殻電子）の数と軌道の数などが大きく関与することがわかる。

4.2 結晶構造と格子

> **例題 4-5** 下に示した二次元格子に周期パターンの単位となる平行四辺形（単位格子という）が 7 つ描かれている。これに関する次の各問に答えよ。
> (1) A～G の単位格子の中で面積の最も小さな単位格子（基本単位格子という）を選べ。
> (2) A～G の単位格子の中で最も対称性の高い基本単位格子はどれか。

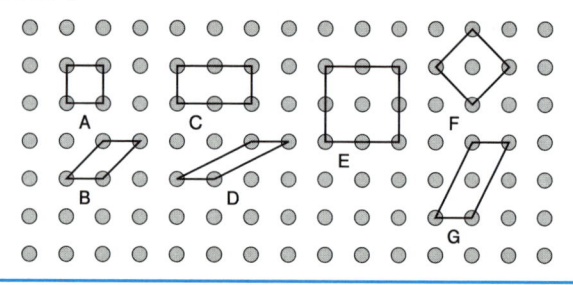

解 答
(1) 基本単位格子は A，B，D である。
(2) 対称性の高い基本単位格子は A である。

解 説

二次元格子（平面格子）では，格子点に基づく平行四辺形を繰り返すことによってすべての格子を表現できる。三次元格子（空間格子）では格子点に基づく平行六面体を繰り返す，あるいは隙間なく積み重ねることによってすべての格子を表現できる。二次元格子あるいは三次元格子の繰り返しの単位となる格子を単位格子という。結晶は構成する原子や電子団を点と見なすと，規則的な三次元の点の配列である空間格子（結晶格子）を形成している。なお頂点にのみ格子点が存在する単位格子を基本単位格子（あるいは単純単位格子）といい，その中で最も対称性の高いものが結晶の基本単位格子として通常用いられる。頂点以外にも格子点を含むものは多重単位格子とよばれ，体心格子，面心格子，底心格子がある。

> **例題 4-6** 図 4-3 に示すように結晶は結晶格子の配列により 7 つの晶系に分類される。それぞれの晶系の単位格子は

第4章 固体の化学

格子点によって形成された平行六面体の各辺の長さ a, b, c（軸の長さ）とその辺に挟まれる角 α, β, γ（軸間角度）によって規定される（これを格子定数とよぶ）。各晶系の「軸の長さの関係」と「軸間角度の関係」を表の記入例に従って記入せよ。

表 4-4 各晶系の単位格子の軸の長さと軸間角度

晶系	軸の長さ	軸間角度
立方晶系	$a=b=c$	$\alpha=\beta=\gamma=90°$
正方晶系		
斜方晶系		
六方晶系		
菱面体晶系	$a=b=c$	$\alpha=\beta=\gamma\neq 90°$
単斜晶系	$a\neq b\neq c$	$\alpha=\gamma=90°\neq\beta$
三斜晶系	$a\neq b\neq c$	$\alpha\neq\beta\neq\gamma$

解 答

表 4-4(2) 各晶系の単位格子の軸の長さと軸間角度

正方晶系	$a=b\neq c$	$\alpha=\beta=\gamma=90°$
斜方晶系	$a\neq b\neq c$	$\alpha=\beta=\gamma=90°$
六方晶系	$a=b\neq c$	$\alpha=\beta=90°$, $\gamma=120°$

解 説

原子や原子団が規則的に配列して形成された結晶の構造は空間格子で表される。例題に示した7つの単位格子は，ブラベー格子の単純格子に相当するものである。単位格子の軸の特徴（軸の長さと軸間の角度）による分類のほかに，格子点の対称性に基づいた結晶点群および空間群による分類法でも結晶は表現される。

(1) 空間格子：空間格子を軸長と軸角で規定された平行六面体で表すと，結晶は7種の単純単位格子で表された晶系に分類される。これに複数の格子点からなる多重単位格子（体心格子，面心格子，底心格子）を加えた全部で14種の単位格子（ブラベ格子）で表わされる。結晶の三次元モデルを理解するのに重要な分類法である。

(2) 結晶点群：14種類の格子を回転および回反対称の対称性で分類すると32種類になる。これを32の結晶点群という。結晶構造の対称性が結晶のマクロな物理的性質に大きく影響を及ぼす光学的性質や誘電的性質などの理解には重要な分類法である。

(3) 空間群：空間格子の対称性は7つの対称操作（恒等，回転，鏡映，

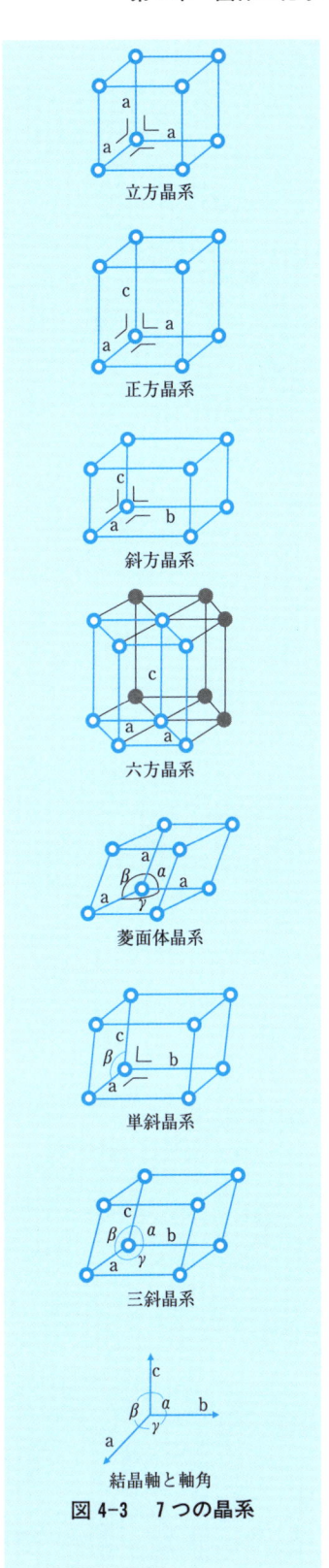

図 4-3 7つの晶系

立方晶系
正方晶系
斜方晶系
六方晶系
菱面体晶系
単斜晶系
三斜晶系
結晶軸と軸角

反転，回映，回反，並進の各操作）によって区別される。区別された平面群と対称要素を基本にすると，230種の空間群（対称操作の集合）に分類される。結晶構造解析において必要不可欠な分類法である。

> **例題 4-7** ミラー指数（001）（002）（111）（110）（1$\bar{1}$0）で表わされる結晶格子面を，2個の立方格子を用いて描け。

解 答

ミラー指数と格子面の関係を以下に示す。なお図には2つの立方格子を描いている。

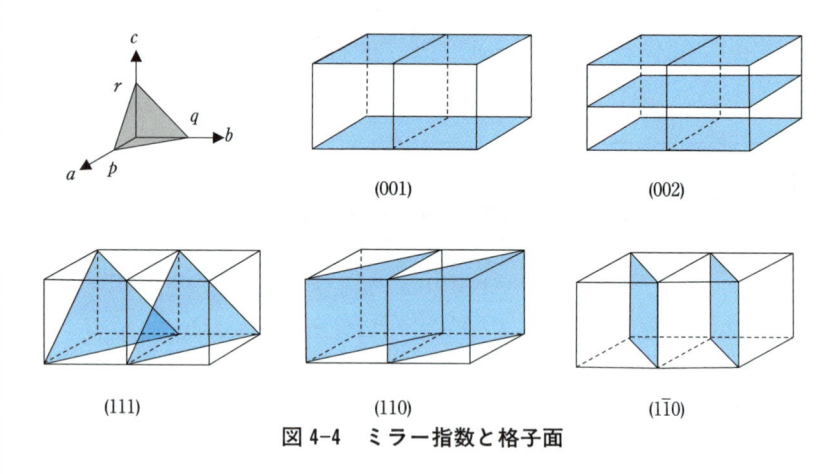

図 4-4　ミラー指数と格子面

解 説

結晶構造（あるいは空間格子）は，単位格子だけではなく，原子や原子団を含んだ互いに平行な面の集合としても表すことができる。この面を結晶面（あるいは格子面）という。結晶の単位格子の軸長が a, b, c であり，結晶面が a, b, c 軸（x, y, z 軸に相当）を切る値を p, q, r とすると，p, q, r の逆数の比を整数で表したものが $(1/p : 1/q : 1/r) = (h : k : l)$ であれば，この結晶面を (hkl) で表す。この表記法をミラー指数という。ここで，結晶面が軸と交わらず平行であれば $(1/\infty) = 0$ となること，および結晶面が結晶軸と交差する点が負の領域であればその対応する指数の上に －（バー）の記号をつけることが必要である（たとえば $(1\bar{1}0)$）。

> **例題 4-8** Cu K$_\alpha$ 線（$\lambda = 0.154$ nm）を用いて KCl 結晶

（NaCl 型構造）の X 線回折測定を行ったところ，(200) 面からの回折線が $2\theta = 28.4°$ に観察された。K-Cl の原子間距離および KCl 結晶の格子定数を求めよ。

解 答

KCl は NaCl 型構造であり，格子定数は $a = b = c$，$\alpha = \beta = \gamma = 90°$ の関係がある。ブラッグの式（$\lambda = 2d\sin\theta$）に $\theta = 28.4°/2$ および $\lambda = 0.154$ nm を代入すると，$d = 0.314$ nm が得られる。(200) 面からの回折線であるので，求められた d 値は KCl 結晶の単位格子の半分の長さに相当する。すなわち K-Cl の原子間距離 d は $d = 0.314$ nm である。また格子定数 a は $a = 2d = 0.628$ nm である。

解 説

結晶に単色の X 線を照射すると，以下の式（ブラッグの式）に従って周期的に並んだ結晶面で回折現象を起こす。

$$n\lambda = 2d\sin\theta \tag{4-5}$$

ここで，n は正の整数（$n = 1, 2, 3\cdots$），λ は X 線の波長，d は面間隔，θ は入射角である。回折の原理は図 4-4 に示すように，結晶に平行 X 線 A と B が入ってくるとあらゆる方向に散乱されるが，A と B の行路差（$2d\sin\theta$）が $n\lambda$ に等しいときは 2 つの X 線の波は位相差がなくなり，山と山，谷と谷が重なり強め合う。すなわち回折が起こる（図 4-5 参照）。

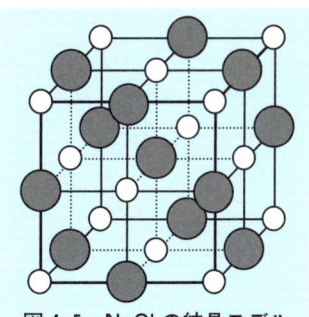

図 4-5 NaCl の結晶モデル

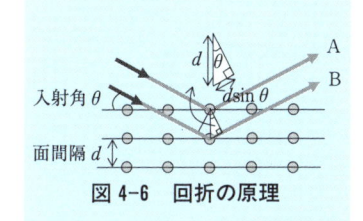

図 4-6 回折の原理

4.3 結合と結晶構造および原子の充塡状態

> **例題 4-9** 半径 r_- の陰イオンが 3 個（正三角形），4 個（正四面体），6 個（正八面体），および 8 個（立方体）がそれぞれ密に充塡したとき，陰イオンに取り囲まれた間隙が生じる。その間隙に接する陽イオンの半径 r_+ と陰イオンの半径比 r_+/r_- をそれぞれ求めよ。

解 答

表 4-5 3，4，6，8 配位時の極限イオン半径比

配位数	3 配位	4 配位	6 配位	8 配位
陰イオンの配列	正三角形	正四面体	正八面体	立方体
r_+/r_-	0.155	0.225	0.414	0.732

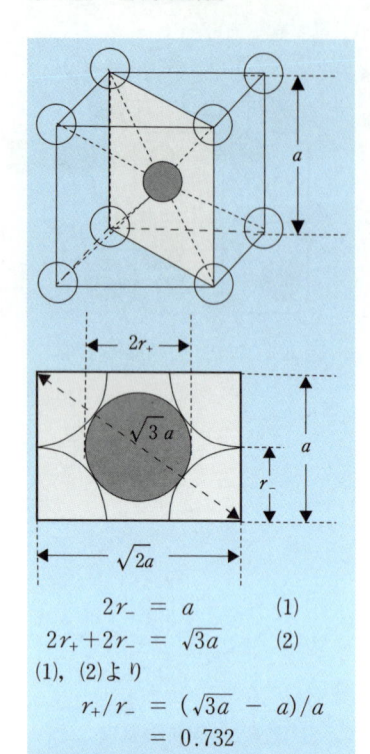

$$2r_- = a \quad (1)$$
$$2r_+ + 2r_- = \sqrt{3}a \quad (2)$$
(1), (2)より
$$r_+/r_- = (\sqrt{3}a - a)/a$$
$$= 0.732$$

図 4-7 陽イオンが陰イオンを 8 配位したときの極限イオン半径比 r_+/r_-

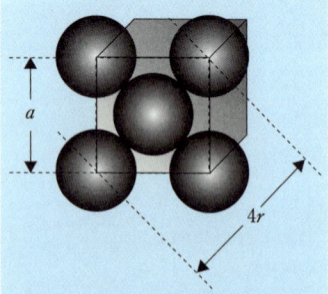

図 4-8 面心立方格子の(100)面上の原子配列

解説

　イオン結晶は，陽イオンの周りにはできるだけ陰イオンが，また陰イオンの周りにはできるだけ陽イオンが配置しており，対称性の高い配列をとる。その際，陽イオンは陰イオンの間隙に接する大きさかそれ以上の大きさでなければ結晶は安定に存在できない。たとえば陽イオンと陰イオンの半径比 $r_+/r_- = 0.225 \sim 0.414$ の範囲では，陽イオンが陰イオンを 4 配位し四面体型の構造をとるが，$r_+/r_- = 0.414$ 以上では 6 配位となる。イオン結晶が安定に存在できる最小のイオン半径比 (r_+/r_-) を限界イオン半径比という。例題で求めたイオン半径比は限界イオン半径比である。このように陽イオンと陰イオンの半径比 (r_+/r_-) によって配位数がほぼ決まり，結晶構造も決まる。図 4-6 に 8 配位の際の陽イオンと陰イオンの半径比 r_+/r_- を求めるときの計算例を示す。

> **例題 4.10** 立方最密格子の構造からなる金属単体の原子の充填率を求めよ。

解 答

　立方最密格子は図 4-7 に示した面心立方格子に等しい。なお図には (100) 面上にある 5 個の原子の配列のみを示している。面心立方格子には格子点は $(1/8) \times 8 + (1/2) \times 6 = 4$ 個含まれる。

　原子半径を r とすると，立方格子の 1 辺 a は $2\sqrt{2}r$ となる。体積 $(2\sqrt{2}r)^3$ に占める 4 個の原子の割合（充填率）は次のように表される。

$$\left(\frac{4}{3}\pi r^3 \times 4\right) \div (2\sqrt{2}r)^3 \times 100 = 74.0\,\%$$

解説

　金属原子間の結合には方向性がなく，原子は剛球と見なすことができるので，金属の原子配列はできるだけ多くの原子と間隙が最小になるように隣接し合う（最大配位・最大充填の原理）。その結果，原子配列は主に六方最密構造（充填率 74.0 %），立方最密構造（面心立方構造に等しく充填率 74.0 %）および体心立方構造（充填率 68.0 %）の 3 つに代表される構造をとる。

4.4 多結晶・焼結体とアモルファス

例題 4-11 単結晶・多結晶・アモルファスのそれぞれの物質に関する以下の各問いに答えよ。

(1) 製造方法：融液から製造するときの冷却速度の違い（徐冷・急冷・超急冷）を述べよ。
(2) 原子配列：原子配列の特徴を，短距離秩序と長距離秩序（有・無）の観点から述べよ。
(3) 熱力学特性：熱的安定性（安定・準安定・不安定）について述べよ。
(4) 物質例：それぞれの固体に属する代表的な物質を1つあげよ。

解答

表 4-6 単結晶，多結晶，アモルファスの製造法と構造的特徴

		(1)製造方法	(2)原子配列		(3)熱力学的特性	(4)物質例
			短距離秩序	長距離秩序		
固体	結晶 単結晶	徐冷	大いに有	大いに有	安定	水晶（宝石類）
	結晶 多結晶	急冷	大いに有	有	安定	鉄板（金属類）
	アモルファス	超急速冷却	わずかに有	全くなし	準安定	シリカガラス

解説

(A) 単結晶：融液から単結晶を育成するときは徐冷して，結晶全域にわたって秩序ある原子配列を形成させる。具体的な製造法（育成法）としては熱水法やベルヌーイ法などがあり，種子結晶を核として用いて単結晶を育成させる方法が中心である。宝石類や鉱物に代表される単結晶は熱力学的安定相である。

(B) 多結晶：製鉄で見られるように融液を急冷・成形すると，結晶核は多数発生し微結晶の集合体が形成される。結晶を構成する1つ1つの微結晶は基本的には単結晶と同じ構造と性質をもつ。

(C) アモルファス：アモルファスは融液あるいは液体と同様に乱雑な原子配列であるので，融液を構成する原子あるいは分子が冷却に伴い規則正しく配列する前に固体にして製造する。単純な構造からなり，結合に方向性のない金属（合金）は，融液を冷却すると容易に結晶化するので超急速冷却しなければならない。一方，ケイ酸ガラスのように三次元ネットワーク構造からなるものは徐冷してもガラ

焼結体

焼き物やセラミックス（焼結体）は，本文に述べた単結晶，多結晶，アモルファスの製造法とは大きく異なり，酸化物・窒化物・炭化物などの微粒子を成型した後，焼き固めて（焼結して）製造する。焼き物やセラミックス特徴は，あらかじめ任意の形状を成型できること，および融液からの製造法によらないことである。セラミックスは微結晶の集合体であるので多結晶の仲間に入れることができる。

ス化（アモルファス化）することができる。アモルファス全体の原子配列は無秩序であるが，ミクロな領域では秩序ある配列をしている（これを短距離秩序があるという）ものが多い。また，ガラスは長い年月を経るか加熱すると結晶化することから準安定状態であることがわかる。

第4章　章末問題

問題 4–1

化学便覧には C–C 間の結合エネルギー $\Delta H = 360\,\text{kJ/mol}$ と記載してある。この値を用いてダイヤモンドの結合エネルギー（昇華エネルギー）を求めよ。

問題 4–2

下図に示すように，1価の陽イオンと陰イオンが直線上に等距離 r で交互に存在するとき，端の陽イオンと他の4つのイオン間の相互作用 $U(= Z_+ Z_- e^2/r$ で示せ）を求めよ。なお単位電荷量 e に数値を代入しなくとも良い。

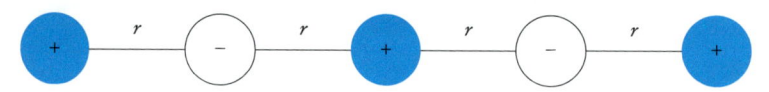

（＋）―r―（－）―r―（＋）―r―（－）―r―（＋）

問題 4–3

金属は次に述べるような性質をもっている。それぞれの性質を示す理由を述べよ。
(1) 電気伝導性および熱伝導性に優れている。
(2) 固体の状態で機械的加工に優れている。

問題 4–4

単純立方格子，体心立方格子，および面心立方格子のそれぞれの格子に含まれる格子点の数はいくらか，答えよ。

問題 4–5

結晶を7種類の晶系（単純単位格子）に分類し，さらに7種類の複合格子（多重単位格子）を加え，全部で14種類の空間格子で表わしたものをブラベ格子という。ブラベ格子に関する次の各問に答えよ。
(1) 7種類の晶系をすべてあげよ。
(2) 格子点を複数含む7種類の多重単位格子のうち基本となる3種類をあげよ。

問題 4–6

金属結晶，イオン結晶および共有結合結晶の3種の結晶に関する次の

問いについてそれぞれ答えよ。
(1) 結合の方向性の有無（有，無で述べよ）
(2) 結晶中の原子配列（結晶構造）を支配する主要な因子
(3) 昇華エネルギーの大きさ（大，中，小で述べよ）

問題 4-7
体心立方格子の構造からなる金属単体の原子の充填率を求めよ。

問題 4-8
金の結晶は，立方最密格子（面心立方格子）であり，単位格子の一辺の長さは 0.4078 nm である。金の密度を求めよ。ただし金の原子量は 197.3 とする。

問題 4-9
(1)〜(5)に示した機能を発現するのに適当な結晶構造（非晶質を含む）を下の(A)〜(F)の中から，また対応する物質を(a)〜(g)の中から選べ。なお記号は複数回利用してよい。

【機能】
(1) イオン伝導（固体電解質）　(2) 高温超伝導　(3) 光伝導
(4) インターカレーション　(5) 分子ふるい

【結晶構造】
(A) 層状構造　(B) トンネル構造　(C) 最密充填構造
(D) 非晶質　(E) 欠陥構造

【物質】
(a) ゼオライト　(b) モンモリロナイト　(c) グラファイト
(d) シリカガラス　(e) 安定化ジルコニア
(f) ナシコン（$Na_{(1+x)}Zr_2Si_xP_{(3-x)}O_{12}, x=0.3$）
(g) La-Ba-Cu-O 系ペロブスカイト型結晶

章末問題 解答

問題 4-1

2原子間の結合エネルギー ΔH の 1/2 を 1 個の原子の平均結合エネルギー ΔH（平均）とする。

$(\Delta H(\text{平均})) = 1/2\ (\text{C-C 間の結合エネルギー } \Delta H)$
$= 180\ \text{kJ/mol}$

固体の場合は次のように表わされる。

$(\text{固体の昇華エネルギー } \Delta H(\text{全})) = (\Delta H(\text{平均})) \times (\text{配位数})$

したがって，4配位のダイヤモンドの結合エネルギー（昇華エネルギー）は次のようになる。

$(\text{ダイヤモンドの昇華エネルギー}) = (360/2) \times 4 = 720\ \text{kJ/mol}$
（文献値）　713 kJ/mol

問題 4-2

$$U = -(e^2/r) + (e^2/2r) - (e^2/3r) + (e^2/4r)$$
$$= -(e^2/r)(1 - 1/2 + 1/3 - 1/4)$$
$$= -(e^2/r)(7/12)$$

なお，陽イオンと陰イオンが直線上に無限に配列するのであれば，（ ）内の数値は無限級数となり，その和は $\ln 2 = 0.6931$ に収束する。この値は結晶におけるマーデルング定数に相当するものである（例題 4-2 参照）。

問題 4-3

(1) 金属の自由電子は，価電子を失った金属原子（陽イオン）を互いに結びつけ，非局在化している。自由電子は電気や熱を運ぶ優れた運搬体（キャリア）になりうるため，金属は電気伝導性や熱伝導性に優れている。

(2) 金属結晶中の原子は単純な球の集合体である最密充填構造に基づく構造からなっており，原子（陽イオン）は自由電子を媒体にして引き合っているため結合の方向性が小さい。このような原子配列と結合状態にある金属は加工によって原子の位置が変わっても互いに引き合う力はほとんど変わらない。したがって，延ばしたり拡げたりして変形しても安定に存在できる（延性や展性に優れている）性質をもっている。

問題 4-4

単純立方格子：$(1/8) \times 8 = 1$
体心立方格子：$(1/8) \times 8 + 1 \times 1 = 2$
面心立方格子：$(1/8) \times 8 + (1/2) \times 6 = 4$

問題 4-5

(1) 立方，正方，斜方，単斜，六方，菱面体，三斜の各晶系
(2) 体心格子，面心格子，底心格子

表 4-7 各晶系の単純単位格子と多重単位格子の種類

晶系	単純単位格子	格子点	多重単位格子	格子点		格子点
立方晶系	(1)単純立方	1	(8)体心立方	2	(13)面心立方	4
正方晶系	(2)単純正方	1	(9)体心正方	2		
斜方晶系	(3)単純斜方	1	(10)体心斜方	2	(14)面心斜方	4
			(11)底心斜方	2	——	
単斜晶系	(4)単純単斜	1	(12)底心単斜	2		
六方晶系	(5)六方	1	——			
菱面体晶系	(6)菱面体	1	——			
三斜晶系	(7)三斜	1	——			

問題 4-6

表 4-8 金属結晶，イオン結晶，共有結合結晶の原子配列と結合の特徴

	(1)結合の方向性	(2)原子配列を支配する因子	(3)昇華エネルギー
金属結晶	無	非局在化した電子による結合（最大配位，最大充塡）	小
イオン結晶	無	陰陽イオンの半径比	中
共有結合結晶	有	混成軌道の形と方向性	大

$\sqrt{3}a = 4r$
であるので，
$a = 4r/\sqrt{3}$

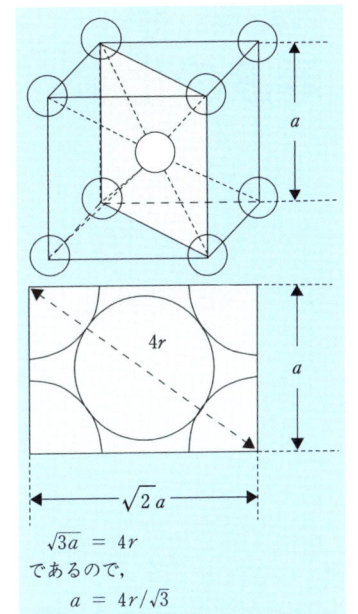

図 4-9 体心立方格子の充塡率の求め方

問題 4-7

体心立方格子は格子点が $(1/8)\times 8+1=2$ 個含まれる。原子半径を r とすると，立方格子の 1 辺 a は $4r/\sqrt{3}$ となる。体積 $(4r/\sqrt{3})^3$ に占める 2 個の原子の割合（充塡率）は次のように表される（図 4-9 参照）。

$$\left(\frac{4}{3}\pi r^3 \times 2\right) \div (4r/\sqrt{3})^3 \times 100 = 68.0\%$$

問題 4-8

① 面心立方格子の単位格子中には 4 個の原子が含まれる。② 1 cm³ 当りに含まれる単位格子の数は $1/(4.078\times 10^{-8})^3$ である。③ 金原子 1 個当りの質量は $197.3/(6.022\times 10^{23})$ g である。

①，②，③より，

$$4 \times \frac{1}{(4.078 \times 10^{-8})^3} \times \frac{197.3}{6.022 \times 10^{23}} = 19.325 \text{ g/cm}^3$$

問題 4-9

表 4-9 物質の機能と結晶構造の関係

機能	結晶構造	物質
(1) イオン伝導（固体電解質）	(A) 層状構造 (B) トンネル構造 (E) 欠陥構造	(c) グラファイト (f) ナシコン (e) 安定化ジルコニア
(2) 高温超伝導	(A) 層状構造	(g) La-Ba-Cu-O 系ペロブスカイト型結晶
(3) 光伝導	(D) 非晶質	(d) シリカガラス
(4) インターカレーション	(A) 層状構造	(b) モンモリロナイト
(5) 分子ふるい	(B) トンネル構造	(a) ゼオライト

第 5 章
溶液の化学

　化学反応の多くは溶液内反応であるから，溶液化学を理解することはとりもなおさず化学反応の基本を理解することにつながっている。この章では水に関する基本事項，水とイオンの相互作用，酸・塩基反応などに関して演習問題を解くことにより理解を深める。

5.1　水に関する基本事項

> **例題 5-1**　水分子および氷中の水の構造を混成軌道法を用いて説明せよ。

解 答

　水分子の構造；図 5-1 で示されるように分子構造は O 原子の sp^3 混成軌道と H 原子の 1s 軌道の重なりによって説明される。O 原子の 4 つの sp^3 混成軌道のうち 2 つはすでに非共有電子対によって占められている。電子対反発により，H_2O の原子価角は理論値より小さい。

　氷中の水の構造；通常の氷は，水分子間距離が 280 pm 程度で，1 個の水分子に 4 個の水分子が水素結合し，中心の水分子は図 5-2 のように正四面体的な構造をとっている。そのために，水分子が囲んでつくる空間は空孔となっている。氷の温度が上昇すると，水分子間の水素結合が切れ，いくつかの水分子がこの大きな空孔の中に入り込み得るので，水の体積は氷の場合に比べて小さくなり，密度が増加するものと考えられている。

解 説

　H_2O の原子価角は理論値 109.28° より小さい 104.5° になっている。水の異常性は他の 16 族水素化合物に比して高い融点と沸点にある。それは水分子の酸素原子は他の 2 つの水分子の水素原子との水素結合による。液体状態の水でも，この水素結合は見られるが，氷のように各水分子が決まった格子点を占めているのではない。水素結合はたえず切れたり，生成したりしている。水素結合のエネルギーは 10～30 kJ mol^{-1} で，共有結合の数百 kJ mol^{-1} に比べ小さい。

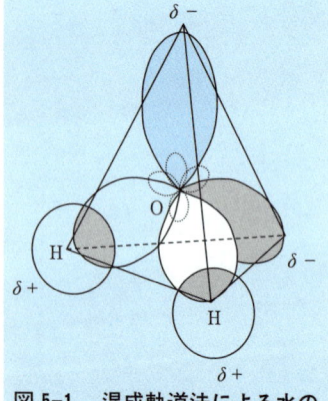

図 5-1　混成軌道法による水の構造

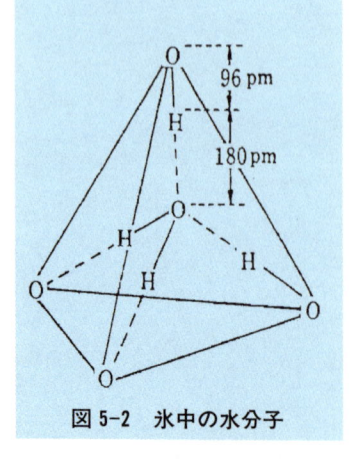

図 5-2　氷中の水分子

例題 5.2　極性分子の水への溶解について説明せよ。

解 答

極性分子の水への溶解とイオン解離の過程は次のように考えられる。溶質の極性分子が極性の溶媒である水に入ってくると、

① $\delta+$ へは水の非共有電子対の部分で、$\delta-$ へは H 原子の部分で水分子と溶質分子の両双極子の間には静電的な引力が働き、溶質分子のまわりにいくつもの水分子が結合した状態（図 5-3 (a)）になる。

② この時、溶媒分子は溶質の正に荷電した部分に電子対を与え、また、溶媒分子の正に帯電した部分は溶質の負に荷電した部分からいくらかの電子対を受け取るだろう。そうすると溶質中の正と負に部分の相互作用は弱まる。また、溶媒分子の接近により溶質と同じ符号同士の反発が始まる。その結果溶質中の正、負に荷電した部分が離れ始める。（図 5-3 (b)）。

③ このため、溶媒分子と水分子の静電的な相互作用は更に強くなり、溶質分子は最後には陽イオと陰イオンに分裂する。分裂したイオンは水が強く水和した状態で溶液中に分散する（図 5-3 (c)）。

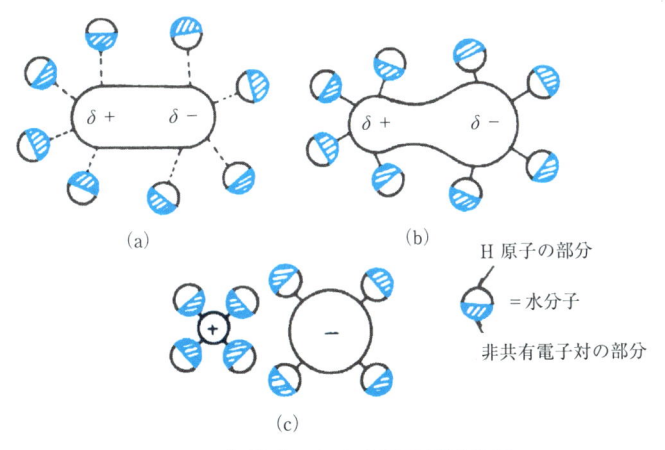

図 5-3　極性分子と水分子の相互作用
(電気化学協会編：「若い技術者のための"電気化学"」, 丸善 (1983))

このように、極性分子からなる物質の溶解は、しばしばその分子中の共有結合を引きちぎってしまうほどの、水分子と極性分子との間の強い相互作用によって起こる。

例題 5-3　次の熱力学データ（表 5-1）を用いて $AlCl_3$、$NaCl$ および $AgCl$ の溶解度について考察せよ。

広義の水和

水和 (hydration) は広い意味で次のような反応が考えられる。

(1) 極性分子の水への溶解
(2) 無極性分子の水への溶解
　無極性分子（希ガス、炭化水素など）の水和は、疎水性水和 (hydrophobic hydration) とよばれる。無極性分子の周りの水は水素結合を強めて無極性分子を閉じ込めている状態である。すなわち、疎水的構造形成は発熱現象になり無極性分子を押し込みに必要なエネルギーを上まわるほどになる。
(3) 無機化合物への水分子の付加
　無機化合物への水の付加も水和とよばれる。たとえば生石灰 (CaO) と水の反応による消石灰 ($Ca(OH)_2$) 生成反応
$$CaO + H_2O \rightleftarrows Ca(OH)_2$$
やセメントに水の添加反応などがある。
(4) 有機化合物への水分子の付加
　硫酸や希硫酸の存在下でオレフィンに水が付加する反応などがある。
$$CH_2=CH_2 + H_2O \underset{}{\overset{H_2SO_4}{\rightleftarrows}} CH_3-CH_2OH$$

表 5-1　電解質の溶解に関する標準エンタルピー（ΔH^0_{Soln}）および標準エントロピー（ΔS^0_{Soln}）の値（25℃）

電解質	ΔH^0_{Soln}/kJ mol^{-1}	ΔS^0_{Soln}/JK^{-1} mol^{-1}
AlCl$_3$	−326	−644
NaCl	3.88	≫0
AgCl	65.5	32.9

解 答

溶解の標準ギブズエネルギー ΔG^0_{Soln} は次の関係式から求められる。

$$\Delta G^0_{Soln} = \Delta H^0_{Soln} - T\Delta S^0_{Soln} \tag{5-1}$$

この式を用いて各電解質の ΔG^0_{Soln} を計算する。

AlCl$_3$ 　$\Delta G^0_{Soln} = -326 - (25.00 + 273.15) \times (-0.644)$
　　　　　　　$= -134$ 　　　　　　　　　　　　　　(5-2)

NaCl 　$\Delta G^0_{Soln} = 3.88 - (25.00 + 273.15) \times (\gg 0) = (\ll 0)$
　　　　　　　　　　　　　　　　　　　　　　　　　(5-3)

AgCl 　$\Delta G^0_{Soln} = 65.5 - (25.00 + 273.15) \times (0.0329) = 55.7$
　　　　　　　　　　　　　　　　　　　　　　　　　(5-4)

以上から

　AlCl$_3$ は発熱的に溶解し，溶解度の高い物質

　NaCl は吸熱的に溶解し，溶解度の高い物質

　AgCl は溶解度の低い物質

であることがわかる。

5.2　酸と塩基

> **例題 5.4**　次の酸の名称を書け。
> (1) HI　　(2) H$_2$S　　(3) H$_3$BO$_3$　　(4) HNO$_2$　　(5) H$_2$CrO$_4$
> (6) HClO$_4$　　(7) HBrO$_3$　　(8) HIO$_3$

解 答

(1) ヨウ化水素酸　　(2) 硫化水素　　(3) ホウ酸　　(4) 亜硝酸
(5) クロム酸　　(6) 過塩素酸　　(7) 臭素酸　　(8) ヨウ素酸

解 説

オキソ酸 (Oxoacid) とは，ある原子にヒドロキシル基（−OH）とオキソ基（＝O）が結合し，そのヒドロキシル基が酸性プロトンを与える化合物である。(6)〜(8)はハロゲンオキソ酸である。無機化学命名法

ギブズエネルギー (Gibbs energy)

熱力学・電気化学などで用いられるエネルギーで，通常 G と表され，等温等圧条件下で仕事として取り出し可能なエネルギー量である。ギブズエネルギーは自発的に減少しようとする。すなわち，G の変化が負であれば化学反応は自発的に起こる。

の定義ではアクア酸（aqua acid），ヒドロキソ酸（hydroxoacid）もオキソ酸に含まれる。

> **例題 5-5** ブレンステッド–ローリー（Brönsted-Lowry）の定義による ① 分子酸，② 陽イオン酸，③ 陰イオン酸と水との反応の例を各1個示せ。

解 答

① $CH_3COOH + H_2O \rightleftharpoons H_3O^+ + CH_3COO^-$　　　(5-5)

② $NH_4^+ + H_2O \rightleftharpoons H_3O^+ + NH_3$　　　(5-6)

③ $HSO_4^- + H_2O \rightleftharpoons H_3O^+ + SO_4^{2-}$　　　(5-7)

解説

ブレンステッド–ローリーの定義；酸とはプロトンを与えることのできる物質，塩基とはプロトンを受け取ることのできる物質と定義した。酸と塩基の関係を

$$\text{酸} = \text{塩基} + \text{プロトン} \tag{5-8}$$

のように表した。これより，酸とはプロトンを放出し得る物質，すなわちプロトン供与体（proton donor）であり，塩基とはプロトンを受け入れ得る物質，すなわちプロトン受容体（proton acceptor）である。

> **例題 5-6** ルイス（Lewis）の酸および塩基の定義を述べ，反応の例を示せ。

解 答

酸とは他の物質から電子対を受け取るものであり，塩基とは他の物質へ電子対を与えるものである。すなわち，酸とは電子対受容体であり，塩基とは電子対供与体である。このことは，酸とは電子対供与体の非共有電子対を共有できる空の電子軌道を持ち，塩基とは電子対受容体と共有できる非共有電子対を持つものであるといえる。反応の例を次に示す。

① $Cu^{2+} + 4NH_3 \rightleftharpoons [Cu(NH_3)_4]^{2+}$　　　(5-9)

② $Cl_3B + NH_3 \rightleftharpoons Cl_3B{:}NH_3$　　　(5-10)

> **例題 5-7** 水の電離平衡について述べよ。

解 答

水はプロトン供与性とプロトン受容性の両方の性質をもっているので，

プロトン

H^+ 自身を示す場合はプロトンという名称を用いる。プロトンは正電荷を持ち，かつ非常に小さいので，反応性に富み水溶液中では水と結合してオキソニウムイオン（H_3O^+）として存在する。「水素イオン」は通常「オキソニウムイオン」と同義に用いられる。

ブレンステッド–ローリーの酸の例

① 分子酸
$HClO_4$, HBr, H_2SO_4, HCl, HNO_3

② 陽イオン酸
H_3O^+, $[Al(H_2O)_6]^{3+}$, $[Cu(H_2O)_4]^{2+}$

③ 陰イオン酸
HS^-, $H_2PO_4^-$, HCO_3^-

次の電離平衡を考えることができる。

$$\text{H}_2\text{O} + \text{H}_2\text{O} \rightleftarrows \text{H}_3\text{O}^+ + \text{OH}^- \tag{5-11}$$
$$\text{酸（I）} \quad \text{塩基（II）} \quad \text{酸（I）} \quad \text{塩基（II）}$$

このように，水は自己解離してオキソニウムイオンと水酸化物イオンを生じる。この解離の平衡定数は

$$K = \frac{a_{\text{H}_3\text{O}^+} a_{\text{OH}^-}}{a_{\text{H}_2\text{O}}^2} \tag{5-12}$$

となる。

水は大量にあるから，$a_{\text{H}_2\text{O}}$ を一定とみなし，活量の代わりに濃度であらわすと

$$K_w = [\text{H}_3\text{O}^+][\text{OH}^-] \tag{5-13}$$

と書くことができる。K_w は水のイオン積（ionic product）とよばれ，一定温度では一定の値をとる。

解説

K_w の値は希薄な酸と塩基からなる電池の起動力の測定から求める方法や，純水の導電率の測定から求める方法がある。表 5-2 に各温度における値を示している。

表 5-2　水のイオン積

温度（℃）	0	10	20	25	30	40	50
$K_w (\times 10^{-14})$	0.11	0.29	0.68	1.00	1.47	2.92	5.47

例題 5-8　1.00×10^{-2} mol/L 酢酸水溶液の pH を求めよ。ただし，酢酸の酸解離定数を $pK_a = 4.76$ とする。

解答

濃度 c mol/L，解離度 α の酢酸（HA とする）の電離平衡は

$$\begin{array}{ccccc} \text{HA} & + & \text{H}_2\text{O} & \rightleftarrows & \text{H}_3\text{O}^+ + \text{A}^- \\ c(1-\alpha) & & & & c\alpha \quad\quad c\alpha \end{array} \tag{5-14}$$

で表される。その平衡定数は，$[\text{H}_2\text{O}]$ を一定として

$$K_a = \frac{[\text{H}_3\text{O}^+][\text{A}^-]}{[\text{HA}]} = \frac{c\alpha^2}{1-\alpha} \tag{5-15}$$

となる。K_a を酸電離定数とよぶ。電離度が小さい場合は $1-\alpha \approx 1$ とおけるから，上式から

$$\alpha = \sqrt{\frac{K_a}{c}} \tag{5-16}$$

したがって

酸性・塩基性

水のイオン積（25℃）は次のように表せる。
$K_w = [\text{H}_3\text{O}^+][\text{OH}^-]$
$\quad = 1.00 \times 10^{-14}$ (mol/L)^2
pH + pOH = 14　（25℃）
ここで
pH $= -\log a_{\text{H}_3\text{O}^+}$
$\quad = -\log[\text{H}_3\text{O}^+]$
pOH $= -\log a_{\text{OH}^-}$
$\quad = -\log[\text{OH}^-]$

純粋な水は 25℃では $[\text{H}_3\text{O}^+] = [\text{OH}^-] = 10^{-7}$ mol/L であるので，$[\text{H}_3\text{O}^+] > 10^{-7}$（pH<7）で酸性，$[\text{H}_3\text{O}^+] < 10^{-7}$（pH>7）で塩基性である。

酸の分類

pk<1 強酸
pk>1 弱酸（1〜2 比較的強い，3〜6 普通，7〜10 弱い，11〜13 極めて弱い，14 以上非解離とみなせる）

$$[H_3O^+] = [A^-] = c\alpha = \sqrt{K_a c} \qquad (5\text{-}17)$$

となり，pH は次式で計算できる。

$$\begin{aligned}\text{pH} &= -\log\sqrt{K_a c} = \frac{1}{2}(pK_a - \log c) \\ &= \frac{1}{2}(4.76 - \log 1.00 \times 10^{-2}) = 3.38 \qquad (5\text{-}18)\end{aligned}$$

> **例題 5-9** アンモニアの濃度が 0.055 mol/L の溶液がある。この溶液の pH を求めよ。ただし，$pK_b = 4.76$ とする。

解 答

濃度 c mol/L，解離度 α のアンモニア（B とする）水溶液の電離平衡は次のように表せる。

$$\begin{array}{ccccc} B & + & H_2O & \rightleftharpoons & OH^- & + & BH^+ \\ c(1-\alpha) & & & & c\alpha & & c\alpha \end{array} \qquad (5\text{-}19)$$

解離定数（塩基電離定数）K_b は $[H_2O]$ を一定とすると

$$K_b = \frac{[OH^-][BH^+]}{[B]} = \frac{c\alpha^2}{1-\alpha} \qquad (5\text{-}20)$$

となる。以下，弱酸の場合と全く同様にして次の諸式が得られる。

$$[OH^-] = c\alpha = \sqrt{K_b c} \qquad (5\text{-}21)$$
$$[H_3O^+] = K_w/[OH^-] = K_w/\sqrt{K_b c} \qquad (5\text{-}22)$$

となり，pH は次式で計算できる。

$$\begin{aligned}\text{pH} &= pK_w - \frac{1}{2}(pK_b - \log c) \\ &= 14 - \frac{1}{2}(4.76 - \log 0.055) = 10.99 \qquad (5\text{-}23)\end{aligned}$$

> **例題 5-10** 次の塩（0.1 mol/L）が加水分解したときの pH を求めよ。
> 　(1) NaCl　　(2) CH₃COONa　　(3) NH₄Cl
> ただし，CH₃COOH の pK_a を 4.76，NH₃ の pK_b を 4.76 とする。

解 答

(1) HCl と NaOH の反応はほとんど完全に右に進行し，正味の反応は

$$(H_3O^+ + Cl^-) + (Na^+ + OH^-) \rightleftharpoons 2H_2O + Na^+ + Cl^- \qquad (5\text{-}24)$$

となり水の生成反応である。この塩は加水分解を受けず，中性を示す。

(2) CH_3COONa は完全に電離してと考えられる。

$$CH_3COONa \rightleftharpoons CH_3COO^- + Na^+ \qquad (5\text{-}25)$$

CH_3COOH と共役な CH_3COO^- は強い塩基であるので水からプロトンを奪い，溶液はアルカリ性を示す。

pH は次のように計算される。

$$CH_3COO^- + H_2O \rightleftharpoons CH_3COOH + OH^- \qquad (5\text{-}26)$$

$$K_h = \frac{[CH_3COOH][OH^-]}{[CHCOO^-]} = \frac{[CH_3COOH][OH^-][H^+]}{[CH_3COO^-][H^+]}$$

$$= \frac{K_w}{K_a} \qquad (5\text{-}27)$$

K_h は加水分解定数（hydrolysis constant）とよばれる。K_a は酢酸の電離定数である。最初の CH_3COONa の濃度を c mol/L，平衡に達した時に加水分解を受けた度合，すなわち加水分解を x とすると，

$[CH_3COO^-]=c(1-x)$，$[CH_3COOH]=[OH^-]=cx$ であるから上式は

$$K_h = \frac{cx^2}{1-x} \qquad (5\text{-}28)$$

$x \ll 1$ とすれば

$$x \approx \sqrt{\frac{K_h}{c}} = \sqrt{\frac{K_w}{K_a c}} \qquad (5\text{-}29)$$

$$[H^+] = \frac{K_w}{[OH^-]} = \frac{K_w}{cx} \approx \sqrt{\frac{K_a K_w}{c}} \qquad (5\text{-}30)$$

$$pH = \frac{1}{2}pK_w + \frac{1}{2}pK_a + \frac{1}{2}\log c \qquad (5\text{-}31)$$

したがって pH は次のようになる。

$$pH = \frac{1}{2} \times 14 + \frac{1}{2} \times 4.76 + \frac{1}{2}\log 0.1 = 8.88 \qquad (5\text{-}32)$$

(3) 電離によって生じる NH_4^+ は，弱塩基 NH_3 に共役な強い酸であるので，次式に示すように，水にプロトンを与え溶液は酸性を示す。pH は次のように計算される。

$$NH_4^+ + H_2O \rightleftharpoons H_3O^+ + NH_3 \qquad (5\text{-}33)$$

K_h は次式で与えられる。

$$K_h = \frac{[H_3O^+][NH_3]}{[NH_4^+]} = \frac{K_w}{K_b} = \frac{cx^2}{1-x} \qquad (5\text{-}34)$$

$x \ll 1$ とすると

$$x \approx \sqrt{\frac{K_w}{K_b C}} \qquad (5\text{-}35)$$

$$[\text{H}^+] = cx \approx \sqrt{K_\text{w}\frac{c}{K_\text{b}}} \tag{5-36}$$

$$\text{pH} = \frac{1}{2}\text{p}K_\text{w} - \frac{1}{2}\text{p}K_\text{b} - \frac{1}{2}\log c \tag{5-37}$$

したがって pH は次のようになる。

$$\text{pH} = \frac{1}{2} \times 14 - \frac{1}{2} \times 4.76 - \frac{1}{2}\log 0.1 = 4.12 \tag{5-38}$$

> **例題 5-11** 弱酸と弱塩基の塩の加水分解について解説せよ。

解 答

弱酸と弱塩基の塩 AB について考える。

$$\text{AB} \rightleftharpoons \text{A}^- + \text{B}^+ \tag{5-39}$$

解離によって生じる A^- と B^+ は加水解離をうけ，

$$\text{A}^- + \text{B}^+ + \text{H}_2\text{O} \rightleftharpoons \text{AH} + \text{BOH} \tag{5-40}$$

の反応が起こる。

$$K_h = \frac{[\text{AH}][\text{BOH}]}{[\text{A}^-][\text{B}^+]} = \frac{[\text{AH}][\text{BOH}]}{[\text{A}^-][\text{B}^+]} \times \frac{[\text{H}^+][\text{OH}^-]}{[\text{H}^+][\text{OH}^-]}$$

$$= \frac{K_\text{w}}{K_\text{a}K_\text{b}} \tag{5-41}$$

A^- と B^+ が同じ程度に加水解離を受ける場合には，$[\text{A}^-]=[\text{B}^+]$，$[\text{AH}]=[\text{BOH}]$ であるから上式は

$$K_h = \frac{[\text{AH}][\text{BOH}]}{[\text{A}^-][\text{B}^+]} \approx \frac{[\text{AH}]^2}{[\text{A}^-]^2} = \frac{K_\text{w}}{K_\text{a}\cdot K_\text{b}} \tag{5-42}$$

$$[\text{H}^+] = \frac{[\text{AH}]}{[\text{A}^-]}K_\text{a} = \sqrt{\frac{K_\text{w}}{K_\text{a}\cdot K_\text{b}}}\cdot K_\text{a} = \sqrt{\frac{K_\text{a}\cdot K_\text{w}}{K_\text{b}}} \tag{5-43}$$

$$\text{pH} = \frac{1}{2}\text{p}K_\text{w} + \frac{1}{2}\text{p}K_\text{a} - \frac{1}{2}\text{p}K_\text{b} \tag{5-44}$$

となる。$K_\text{a}>K_\text{b}$ では酸性，$K_\text{a}\approx K_\text{b}$ であれば溶液はほぼ中性，$K_\text{a}<K_\text{b}$ では塩基性となる。

> **例題 5-12** 0.001 mol/L 酢酸と 0.01 mol/L 酢酸ナトリウムの当量混合物の pH を求めよ。ただし，酢酸の酸解離定数を $\text{p}K_\text{a}=4.76$ とする。

解 答

CH_3COOH の水溶液に，CH_3COONa の水溶液を加えた場合，次の平衡が成立している。

緩衝溶液

弱酸とその塩からなる水溶液のpHは少量の酸や塩基を加えても，あるいは少々希釈や濃縮をしてもほとんど変らない。この作用を緩衝作用（buffer action）といい，この作用をもつ溶液を緩衝溶液（buffer solution）という。弱塩基とその塩の混合溶液も緩衝作用をもっている。

緩衝液の例

緩衝溶液	
成分	pH範囲
フタル酸－フタル酸ナトリウム	2.2～3.8
酢酸－酢酸ナトリウム	3.7～5.6
リン酸一水素ナトリウム－	
リン酸二水素ナトリウム	5.0～6.3
ホウ酸－ホウ砂	6.8～9.2
アンモニア水－塩化アンモニウム	8.0～11.0

$$CH_3COOH + H_2O \rightleftarrows CH_3COO^- + H_3O^+ \quad (5\text{-}45)$$

CH_3COONa を加えると，これは完全に電離するので CH_3COO^- の濃度が大きくなり，上の平衡は左方に移動して H_3O^+ 濃度は減少する。このように，弱酸の水溶液にその塩基を加えると，共通のイオンの存在により，弱酸の電離が抑制される。この場合，酸濃度 $[CH_3COOH]$ は近似的に酸の全濃度 c_a に等しく，$[CH_3COO^-]$ は塩濃度 c_s に等しいとおいてよい。

この系の弱酸の K_a は次のように書くことができる。

$$K_a = \frac{[H_3O^+][CHCOO^-]}{[CH_3COOH]} = [H_3O^+]\frac{c_s}{c_a} \quad (5\text{-}46)$$

これより

$$[H_3O^+] = K_a\frac{c_a}{c_s} \quad (5\text{-}47)$$

$$pH = pK_a + \log\frac{c_s}{c_a} \quad (5\text{-}48)$$

したがってpHは次のようになる。

$$pH = 4.76 + \log\frac{0.01/2}{0.001/2} = 5.76 \quad (5\text{-}49)$$

解説

緩衝溶液に酸を加えると，水素イオンは A^- と反応して HA を生じ，$[H_3O^+]$ はほとんど変化しない。

$$H_3O^+ + A^- \rightleftarrows HA^- + H_2O \quad (5\text{-}50)$$

塩基を加えても，水酸化物イオンは HA と反応して除かれる。

$$OH^- + HA \rightleftarrows A^- + H_2O \quad (5\text{-}51)$$

例題 5-13 CaF_2 は次の各溶液中に何モル溶解するか。ただし，CaF_2 の溶解度積を 4.9×10^{-11} $(mol/L)^2$ とする。

(1) 純水　(2) 0.01 mol/L $CaCl_2$ 溶液
(3) 0.01 mol/L NaF 溶液

解答

(1) $CaF_2 = Ca^{2+} + 2F^-$ \quad (5-52)

$$K_{sp} = [Ca^{2+}][F^-]^2 = 4.9 \times 10^{-11} \quad (5\text{-}53)$$

CaF_2 の溶解度 (mol/L) を x とすれば

$[Ca^{2+}] = x$, $[2F^-] = 2x$

$$K_{sp} = [x][2x]^2 = 4.9 \times 10^{-11} \quad (5\text{-}54)$$

$$\therefore \quad x = 2.31 \times 10^{-4} \, mol/L \quad (5\text{-}55)$$

(2) $K_{sp} = [x + 0.01][2x]^2 = 4.9 \times 10^{-11}$ (5-56)

$x \ll 0.01$ だから

$K_{sp} = [0.01][2x]^2 = 4.9 \times 10^{-11}$ (5-57)

∴ $x = 3.5 \times 10^{-5}$ mol/L (5-58)

(3) $K_{sp} = [x][2x + 0.01]^2 = 4.9 \times 10^{-11}$ (5-59)

$2x \ll 0.01$ だから

$K_{sp} = [x][0.01]^2 = 4.9 \times 10^{-11}$ (5-60)

∴ $x = 4.9 \times 10^{-7}$ mol/L (5-61)

解 説

溶解度積；難溶性の電解質 MA がその飽和水溶液と接している時，次の解離平衡が成立している。

$MA(s) \rightleftharpoons M^+(aq) + A^-(aq)$ (5-62)

平衡定数は次のようになる。

$K = \dfrac{a_{M^+} a_{A^-}}{a_{MA}}$ (5-63)

固相の活量は1であり，また希薄溶液であるので，活量を濃度で置き換えると

$K_s = [M^+][A^-]$ (5-64)

と書くことができる。K_s は溶解度積（solubility product）とよばれ，温度と電解質によって決まる定数である。

一般に

$M_mA_n(s) \rightleftharpoons mM^{n+}(aq) + nA^{m-}(aq)$ (5-65)

溶解度積は同様に次のようになる。

$K_s = [M^{n+}]^m[A^{m-}]^n$ (5-66)

例題 5-14 HSAB 理論により，次の反応の方向を推定せよ。必要に応じコラムの表の酸・塩基の実例を参照せよ。

(1) $AgF + KI \rightleftharpoons AgI + KF$

(2) $ZnS + CaCl_2 \rightleftharpoons ZnCl_2 + CaS$

(3) $Cu(OH)_2 + CaI_2 \rightleftharpoons CuI_2 + Ca(OH)_2$

解 答

(1) Ag^+ は SA，F^- は HB，K^+ は HA および I^- は SB に分類されるので，Ag^+ は I^- と，K^+ は F^- との親和性が高いと考えられる。したがって，反応は右側に移動する。

(2) Ca^{2+} は HA，Cl^- は HB，S^{2-} は SB，Zn^{2+} は HA と SA の中間

難溶性塩の溶解度へのイオンの影響

共通イオン効果（common ion effect）；難溶性塩の溶解度は，共通イオンの存在により著しく減少する。この現象を共通イオン効果という。

異種イオン効果；難溶性塩の溶解度は，沈殿を構成しているイオンと無関係な電解質の存在により，一般に増加する。この現象を異種イオン効果という。

HSAB 理論での略字

SA；軟かい酸（soft acid）
HA；硬い酸（hard acid）
SB；軟かい塩基（soft base）
HB；硬い塩基（hard base）

に位置するが，より硬い酸の Ca^{2+} が Cl^- と優先的にイオン結合を形成するものと考えられるので，反応は左側に移動する。

(3) Cu^{2+} は中程度の酸，OH^- は HB，Cu^{2+} は HA，I^- は SB なので，Cu^{2+} は OH^- と Cu^{2+} は I^- と結合し反応は右に移行する。

解 説

酸・塩基の硬さと軟らかさの概念は "Hard and Soft Acids and Bases" の頭文字をとって HSAB あるいは SHAB と略してよばれる。硬い酸は，軟らかい塩基よりも硬い塩基と結合する傾向があり，軟らかい酸は，硬い塩基よりは軟らかい塩基と結合する傾向がある，という経験則である。

硬い酸の代表としては，アルカリ金属イオン，アルカリ土類金属イオン，電荷の高い軽い金属イオンがあげられ，軟らかい酸としては，重い遷移金属，低原子価金属イオンがあげられる（コラムの表参照）。

表 "硬い" および "軟らかい" により分類した酸・塩基の実例

(a) "硬い" および "軟らかい" による酸の分類

硬い酸	H^+, Li^+, Na^+, K^+, Be^{2+}, Mg^{2+}, Ca^{2+}, Sr^{2+}, Al^{3+}, Sc^{3+}, Ga^{3+}, In^{3+}, La^{3+}, Gd^{3+}, Lu^{3+}, Cr^{3+}, Co^{3+}, Fe^{3+}, Ti^{4+}, Zr^{4+}, Th^{4+}, U^{4+}, UO_2^{2+}, VO_2^{2+}, BF_3, BCl_3, $AlCl_3$, N^{3+}, RPO_2^+, RSO_2^+, SO_3, I(VII), I(V), HX（水素結合を生成する分子）
中間の酸	Fe^{2+}, Co^{2+}, Ni^{2+}, Cu^{2+}, Zn^{2+}, Pb^{2+}, Rh^{3+}, Ir^{3+} $B(CH_3)_3$, GaH_3, $C_6H_5^+$, Sn^{2+}, Pb^{2+}, NO^+, Sb^{3+}, SO_2
軟らかい酸	Pd^{2+}, Pt^{2+}, Cu^+, Ag^+, Au^+, Cd^{2+}, Hg^+, Hg^{2+} BH_3, $GaCl_3$, Tl^+, HO^+, RO^+, Te^{4+}, Br_2, Br^+, I_2, I^+

(b) "硬い" および "軟らかい" による塩基の分類

硬い塩基	NH_3, RNH_2, H_2O, OH^-, O^{2-}, ROH, RO, R_2O CH_3COO^-, CO_3^{2-}, NO_3^-, PO_4^{3-}, SO_4^{2-}, ClO_4^-, F^-, Cl^-
中間の塩基	$C_6H_5NH_2$, N_3^-, N_2 NO_2^-, SO_3^{2-}, Br^-
軟らかい塩基	H^-, R^-, C_2H_4, C_6H_6, CN^-, RNC, CO SCN^-, R_3P, R_3As, R_2S, RSH, $S_2O_3^{2-}$, I^-

5.3 無機化学反応機構

> **例題 5-15** 錯体の電子移行反応における外圏電子移動機構と内圏電子移動機構について，例をあげて説明せよ。

解 答

外圏電子移動反応；この反応機構は，2つ錯イオンの配位圏の中で配位子置換がおこらず電子が移動する機構である。この反応が起こるためには，次の2つの基本的な条件が満足されなければならない。

① 2つの化学種 A，B は電子移動が起こる時には，活性化複合体の状態で存在しなければならないので，反応の速度は2つの化学種の濃度 [A] と [B] に依存しなければならない。速度 = k[A][B]。

② 化学種 A と B の間の電子移動の速度は，どちらの化学種の配位子置換の速度よりもはるかに速くなければならない。

水溶液中で起こる外圏電子移動反応の例を次に示す。

$$[Fe(CN)_6]^{4-} + [IrCl_6]^{2-} \rightleftharpoons [Fe(CN)_6]^{3-} + [IrCl_6]^{3-}$$
$$Fe(II) \quad\quad Ir(IV) \quad\quad Fe(III) \quad\quad Ir(III)$$

（上: $+ e^-$（還元），下: $- e^-$（酸化））

(5-67)

左辺の2つの錯体はいずれも置換不活性である。

内圏電子移動反応；錯体の電子移動反応の過程で，2つの金属イオンが架橋配位子によって結合を形成し，その結合形式の間に電子が架橋配位子を介して一方の金属イオンから他方の金属イオンへ移動する。このように配位子の交換などの化学反応を伴う場合を内圏電子移動反応という。Co(III)/Cr(II) 系で架橋グループを介して電子移動が起こる次の例がある。

$$[Co(NH_3)_5Cl]^{2+} + [Cr(H_2O)_6]^{2+} \xrightleftharpoons[H_2O]{H^+}$$
$$[Co(H_2O)_6]^{2+} + [Cr(H_2O)_5Cl]^{2+} + 5NH_4^+ \quad (5\text{-}68)$$

第 5 章　章末問題

問題 5-1

Li^+ および Cl^- の周りの水分子の配向を図示せよ。

問題 5-2

次の反応における Lewis 塩基はどれか。

(1) $BrF_3 + F^- \rightleftharpoons [BrF_4]^-$
(2) $Ag^+ + 2NH_3 \rightleftharpoons [Ag(NH_3)_2]^+$
(3) $Ni + 4CO \rightleftharpoons [Ni(CO)_4]$

問題 5-3

次の溶液の pH を求めよ。
(1) 0.01 mol/L の乳酸（解離定数 $pK_a = 3.86$, 25℃）溶液
(2) 0.100 mol/L の水酸化ナトリウム溶液（活量係数を 0.766 とする）

問題 5-4

次の反応を反応式で示せ。
(1) 塩酸を酢酸に溶かした時の反応
(2) アンモニアのオートプロトリシス反応
(3) 三フッ化ホウ素とアンモニアの反応

問題 5-5

次の各塩の水溶液の pH を求めよ。
(1) $HCOONH_4$（ギ酸；$pK_a = 3.75$, アンモニア；$pK_b = 4.76$）
(2) CH_3COONH_4（酢酸；$pK_a = 4.76$）
(3) NH_4CN（シアン化水素；$pK_a = 9.14$）

問題 5-6

次の溶液の加水分解度を求めよ。
(1) 0.1 mol/L 酢酸ナトリウム
(2) 0.1 mol/L 塩化アンモニウム

問題 5-7

弱塩基とその塩からなる緩衝溶液の pH を求めよ。

問題 5-8

0.1 mol/L リン酸二水素ナトリウム-0.1 mol/L リン酸水素二ナトリウム緩衝溶液で pH 6.00 を作るにはどのような比で混合すればよいか。ただし，リン酸の第 2 酸電離定数（$pK_{a_2} = 7.21$）とする。

問題 5-9

クロム酸銀の溶解度（25℃）は 8.0×10^{-5} mol/L である。この塩の溶解度積を求めよ。

問題 5-10

反応活性および反応不活性錯体を説明せよ。

第5章 溶液の化学

章末問題 解答

問題 5-1

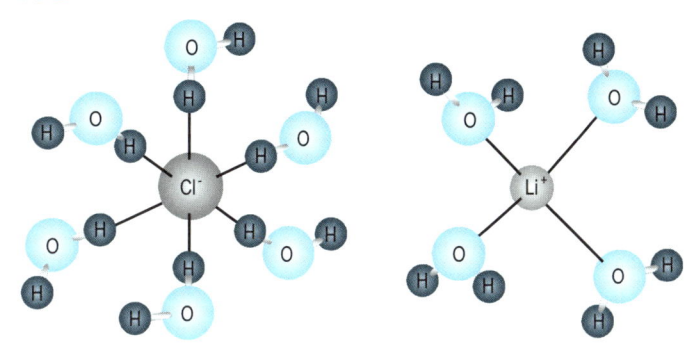

Cl⁻ のまわりの水分子の配置   Li⁺ のまわりの水分子の配置

問題 5-2

F⁻ ではフッ素原子，NH₃ では窒素原子，CO では炭素原子はそれぞれ非共有電子対を持っており，配位結合に使われ供与され Lewis 塩基である。

問題 5-3

(1) 例題 5.8 より

$$\mathrm{pH} = \frac{1}{2}(\mathrm{p}K_\mathrm{a} - \log c) = \frac{1}{2}(3.86 - 0.01) = 2.93$$

(2) $[\mathrm{H_3O^+}] = K_\mathrm{w}/[\mathrm{OH^-}] = 10^{-14}/(0.766 \times 0.100)$　　pH = 12.88

問題 5-4

(1)　$\mathrm{HCl + CH_3COOH \rightleftharpoons CH_3COOH_2^+ + Cl^-}$

(2)　$\mathrm{NH_3 + NH_3 \rightleftharpoons NH_4^+ + NH_2^-}$

(3)　$\mathrm{BF_3 + {:}NH_3 \rightleftharpoons F_3B{:}NH_3}$

問題 5-5

例題 5-10 より

(1)　$\mathrm{pH} = \frac{1}{2}\mathrm{p}K_\mathrm{w} + \frac{1}{2}\mathrm{p}K_\mathrm{a} - \frac{1}{2}\mathrm{p}K_\mathrm{b}$

$= \frac{1}{2} \times 14.00 + \frac{1}{2} \times 3.75 - \frac{1}{2} \times 4.76 = 6.50$

(2)　$\mathrm{pH} = \frac{1}{2}\mathrm{p}K_\mathrm{w} + \frac{1}{2}\mathrm{p}K_\mathrm{a} - \frac{1}{2}\mathrm{p}K_\mathrm{b}$

$= \frac{1}{2} \times 14.00 + \frac{1}{2} \times 4.76 - \frac{1}{2} \times 4.76 = 7.00$

(3)　$\mathrm{pH} = \frac{1}{2}\mathrm{p}K_\mathrm{w} + \frac{1}{2}\mathrm{p}K_\mathrm{a} - \frac{1}{2}\mathrm{p}K_\mathrm{b}$

$= \frac{1}{2} \times 14.00 + \frac{1}{2} \times 9.14 - \frac{1}{2} \times 4.76 = 9.19$

問題 5-6

例題 5-9 より

1) $x \approx \sqrt{\dfrac{K_c}{c}} = \sqrt{\dfrac{K_w}{K_a c}} = \sqrt{\dfrac{10^{14}}{10^{-4.76} \times 0.1}} = 7.59 \times 10^9$

2) $x \approx \sqrt{\dfrac{K_w}{K_b c}} = \sqrt{\dfrac{10^{14}}{10^{-4.76} \times 0.1}} = 7.59 \times 10^9$

問題 5-7

次式で示す平衡が成立している弱塩基 B の水溶液に，B に共役な酸 BH^+ の塩を加える場合を考える。

$$B + H_2O \rightleftharpoons OH^- + BH^+$$

この塩は完全に電離して，BH^+ の濃度が増加するので，上式の平衡は左方に移動して OH^- の濃度は減少する。弱塩基の水溶液にその塩を加えることにより弱塩基の解離が抑制される。

例題 5-11 と同じ取り扱いにより

$$[OH^-] = K_b \dfrac{C_b}{C_s}$$

$$[H^+] = \dfrac{K_w}{[OH^-]} = \dfrac{K_w C_s}{K_b C_b}$$

$$pH = pK_w - pK_b - \log \dfrac{C_s}{C_b}$$

ここで，K_b は塩基 B の解離定数，C_b はその全濃度で，C_s は塩の全濃度である。

問題 5-8

例題 5-11 より

$$pH = pK_a + \log \dfrac{C_s}{C_a}\ \text{より}$$

$$\log \dfrac{C_s}{C_a} = pH - pK_a = 6.00 - 7.21 = -1.21$$

$$\dfrac{C_s}{C_a} = 10^{-1.21} = 0.062$$

問題 5-9

溶解度を x とすると

$$Ag_2CrO_4 \rightleftharpoons 2\ Ag^+ + CrO_4^{2-}$$
$$x 2x x$$

$$K_{sp} = [Ag^+]^2[CrO_4^{2-}] = (2x)^2(x) = 4x^3$$
$$= 4(8 \times 10^{-5})^3 = 2.1 \times 10^{-12}$$

問題 5-10

配位子の置換反応において Taube は錯体を反応活性錯体（labile complex）と反応不活性錯体（inert complex）に区別した。錯体中の配位子が他の配位子によって速やかに置換される時，反応活性錯体といい，遅い場合は反応不活性錯体という。Taube は d 電子をもつ 6 配位錯体について次のような分類を行った。

反応活性錯体
 d^1 $[Ti(H_2O)_6]^+$ d^2 $[V(phen)_3]^{3+}$ d^5 $[Fe(H_2O)_6]^{3+}$
 d^7 $[Co(NH_3)_6]^{2+}$ d^8 $[Ni(H_2O)_6]^{2+}$ d^9 $[Cu(H_2O)_6]^{2+}$

反応不活性錯体
 d^3 $[Cr(H_2O)_6]^{3+}$ d^5 $[Fe(CN)_6]^{3-}$ d^5 $[PtCl_6]^{2-}$

第 6 章
電気化学

電気化学はイオンや電子などの荷電粒子を含む反応を扱う学問分野で、電池や生物電気などと関連して古くから研究されている分野である。平衡の熱力学や反応速度論と密接に関連するために物理化学の重要な基礎分野であるが、20世紀には広い分野で電気化学の応用的な利用が発展し、今日ではエネルギー、資源、情報、ライフサイエンスや環境などさまざまな分野で重要な役割を担っている。この章では電気化学で用いられる用語の意味と基礎的な電気化学的反応の理解を深める。

6.1 酸化還元反応とは

> **例題 6-1** 酸化反応、還元反応および酸化還元反応の意味を説明せよ。

解 答

酸化反応は物質が電子を失う反応で、還元反応は物質が電子を受け取る反応である。また、酸化還元反応は酸化反応と還元反応が対になって生じる反応である。

たとえば次の反応式（6-1）は Zn が電子を失って Zn^{2+} イオンとなる酸化反応であり、反応式（6-2）は Cu^{2+} イオンが電子を受け取って Cu となる還元反応である。酸化反応では酸化数が増加し、還元反応では酸化数が減少する。反応式（6-3）は Zn が酸化される反応と Cu^{2+} が還元される反応が対になって生じる酸化還元反応である。

$$\text{酸化反応} \quad Zn \rightleftarrows Zn^{2+} + 2e^- \quad (6\text{-}1)$$

$$\text{還元反応} \quad Cu^{2+} + 2e^- \rightleftarrows Cu \quad (6\text{-}2)$$

$$\text{酸化還元反応} \quad Cu^{2+} + Zn \rightleftarrows Cu + Zn^{2+} \quad (6\text{-}3)$$

> **例題 6-2** 次の反応の反応式を書き、酸化反応か還元反応かを示せ。
> (1) 金属鉄が鉄(Ⅱ)イオンになる反応。
> (2) 鉄(Ⅲ)イオンが鉄(Ⅱ)イオンになる反応。

(3) 二酸化硫黄 SO_2 が酸素と反応して硫酸イオン SO_4^{2-} が生じる反応。
(4) 酸素が水と反応して水酸化物イオンが生じる反応。

解 答

(1) $Fe \rightleftharpoons Fe^{2+} + 2e^-$　　　酸化反応　　　(6-4)

(2) $Fe^{3+} + e^- \rightleftharpoons Fe^{2+}$　　　還元反応　　　(6-5)

(3) $SO_2 + O_2 + 2e^- \rightleftharpoons SO_4^{2-}$
　　酸化反応（硫黄 S が +4 価から +6 価に酸化される）　　(6-6)

(4) $O_2 + 2H_2O + 4e^- \rightleftharpoons 4OH^-$
　　還元反応（酸素 O が 0 価から -2 価に還元される）　　(6-7)

解説

(6-6) 式の反応では，S は +4 価から +6 価に酸化されるが，O_2 の O は 0 価から -2 価に還元される。したがって，複数の化学種を含む反応では酸化される化学種と還元される化学種を調べる必要がある。

例題 6-3 次の酸化還元反応の反応式を示せ。
(1) Cu と Ag^+ が反応して Cu^{2+} と Ag が生じる反応。
(2) Cu^+ と Cu^+ が反応して Cu と Cu^{2+} が生じる反応。
(3) Cu と Cl_2 が反応して Cu^{2+} と Cl^- が生じる反応。

解 答

(1) $Cu + 2Ag^+ \rightleftharpoons Cu^{2+} + 2Ag$　　　(6-8)

(2) $2Cu^+ \rightleftharpoons Cu + Cu^{2+}$　　　(6-9)

(3) $Cu + Cl_2 \rightleftharpoons Cu^{2+} + 2Cl^-$　　　(6-10)

解説

酸化還元反応式では，酸化反応の電子数と還元反応の電子数が等しくなるように書き，反応式中には電子 e^- が含まれないようにする。

6.2 電 池

例題 6-4 半電池および電池の意味を説明せよ。

不均化反応

同一種類の化学種が2個以上互いに酸化・還元反応などを行い，2種類以上の異なる生成物を生じる反応で，2個の Cu(Ⅰ) より Cu(0) と Cu(Ⅱ) が生じる反応やカタラーゼによる過酸化水素の分解反応などがある。

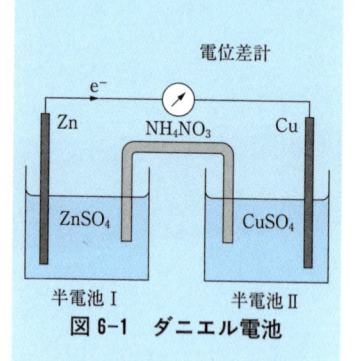

解答

半電池は電極系ともいい，電極となる1本の金属や導電体を電解質溶液に浸したもので，電極と溶液の界面では酸化反応もしくは還元反応が生じる。

電池は2つの半電池を隔膜でつないだもので，2つの電極間を導線でつなぐと，一方の電極では酸化反応が生じ，他方の電極では還元反応が生じる。酸化反応の生じる電極を負極，還元反応の生じる電極を正極という。たとえば図6-1のダニエル電池（Daniel電池）ではZnと$ZnSO_4$，Cuと$CuSO_4$それぞれが半電池を構成し，2つの半電池をNH_4NO_3の塩橋でつないで電池を構成している。標準状態では，半電池Ⅰでは$Zn \to Zn^{2+}$の酸化反応が生じるので負極，半電池Ⅱでは$Cu^{2+} \to Cu$の還元反応が生じるので正極となる。

解説

電池は化学エネルギーを電気エネルギーに変換する装置で，基本的には2本の電極を電解質溶液に浸したものである。

電池を記号で書く場合，電極と溶液の境界（両相の境界）は｜で，2つの半電池の間（液－液界面）の隔膜は‖で表す。たとえば図6-1の電池の場合は次のようになる。

（左）$Zn(s) | ZnSO_4(aq) \| CuSO_4(aq) | Cu(s)$（右）

ここで（s）と（aq）はそれぞれ固体と水溶液の状態を示している。この電池に抵抗などの外部負荷を接続すると，半電池Ⅰと半電池Ⅱはそれぞれ負極と正極になり次の反応が生じる。

負極：$Zn(s) \rightleftharpoons Zn^{2+}(aq) + 2e^-$ (6-11)

正極：$Cu^{2+}(aq) + 2e^- \rightleftharpoons Cu(s)$ (6-12)

2つの半電池をつないで電池を構成したときの正極と負極は，それぞれの半電池反応の電極電位で決まる。電極電位については次の例題で説明するが，電極電位のより低いほうが負極となり，電極電位のより高いほうが正極となる。

例題 6-5 電極電位，起電力の意味を説明せよ。

解答

半電池を構成している電極は，平衡状態では浸している電解質溶液に対して一定の電位差を生じる。この電位差を電極電位というが，この値を測定することはできない。これに対し，電池を構成する2つの半電池の2本の電極間に生じる電位差は，電位差計を用いて測定することがで

図 6-1 ダニエル電池

きる。この電位差を起電力という。したがって、適当な半電池を基準として選び、この半電池に対して注目している半電池が示す起電力をその半電池の電極電位として用いる。

解説

図 6-2 に示すように、電極と溶液はそれぞれに特有の電位 ϕ_M と ϕ_S を持っている。電極が溶液に対して示す電位差 $\Delta\phi = \phi_M - \phi_S$ を半電池の電極電位というが、この量は測定することができない。これに対し、図 6-1 に示しような 2 つの半電池でできた電池の起電力は電位差計で測定できる。したがって、図 6-1 の半電池 I に適当な電極系を基準として選び、この半電池 I に対する半電池 II の起電力を半電池 II の電極電位 (E) とよぶ。そのさい、基準電極には標準水素電極 (standard hydrogen electrode, SHE) を用い、SHE の電極電位はすべての温度において 0.0000 V とする。

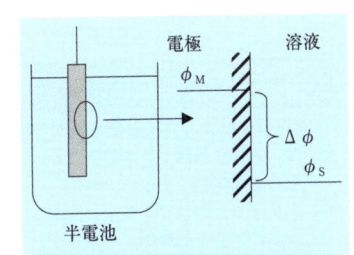

図 6-2 半電池の電極電位

電池反応の書き表し方

1) 電池を構成したときに負極となる半電池を左に、正極となる半電池を右におく。負極では酸化反応が生じ、正極では還元反応が生じるので、図 6-1 のダニエル電池を例にとると次のようになる。

左(L): $Zn \rightleftharpoons Zn^{2+} + 2e^-$ E_L (6-13)

右(R): $Cu^{2+} + 2e^- \rightleftharpoons Cu$ E_R (6-14)

ここで、E_R と E_L はそれぞれの半電池反応の電極電位（標準水素電極を基準として測定した起電力）であり、$E_R > E_L$ の関係にある。

2) 2 本の電極間に抵抗などの外部負荷をつないだときに生じる反応は、次の反応式で表され、反応は右向きに進む。

$Cu^{2+} + Zn \rightleftharpoons Cu + Zn^{2+}$ (6-15)

3) この電池反応の起電力 (E) は次式で求められる。

$E = E_R - E_L$ (6-16)

この手順で電池反応を書き表すと、正極・負極と起電力の関係がわかりやすい。

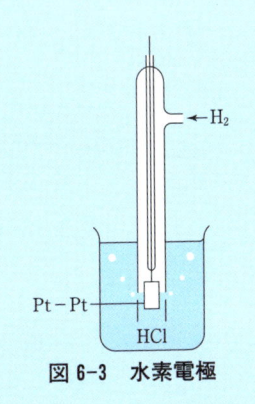

例題 6-6 水素電極について説明せよ。

解答

水素電極では白金黒付白金 (Pt−Pt) 板を水素イオンの活量が a_{H^+} の電解質溶液に浸し、その表面に分圧が p_{H_2} の水素ガスをバブルする（図 6-3）。この電極の半電池反応は (6-17) 式で表され、その電極電位 E は (6-18) 式となる。

$$H^+ + e^- \rightleftharpoons \frac{1}{2}H_2 \tag{6-17}$$

$$E = E^0 - \frac{RT}{F} \ln \frac{p_{H_2}^{1/2}}{a_{H^+}} \tag{6-18}$$

水素電極を記号で表すと次式になる。

$$Pt \mid H_2(g) \mid H^+(aq) \parallel \tag{6-19}$$

標準水素電極は水素イオンの活量 a_{H^+} が 1、水素ガスの分圧 p_{H_2} が 1 atm の標準状態にある水素電極であり、その電極電位 E^0 は IUPAC の規約により 0.0000 V である。したがって、標準水素電極は記号では次式で表される。

$$Pt \mid H_2(g, 1atm) \mid H^+(aq, a_{H^+} = 1) \parallel$$

図 6-3 水素電極

例題 6-7 電池の起電力を測定するとき、2 つの半電池をつなぐのに塩橋を用いる理由を述べよ。

国際純正・応用化学連合（IUPAC）による電極電位の定義

「電極電位とは左側に標準水素電極をもち，右側に問題とする電極系をもった電池の起電力である。」

したがって，問題とする電極反応の電極電位とは，その反応式を還元反応として書いたときに標準水素電極に対して示す起電力となる。

これからわかるように，電極反応と電極電位の関係を扱う場合は，その反応を還元反応として書き表す必要がある。

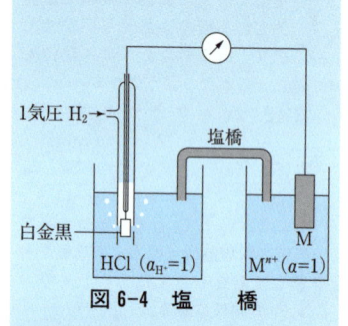

図 6-4 塩橋
（1気圧 H_2，白金黒，HCl (a_H=1)，塩橋，M，M^{n+} (a=1)）

解 答

濃度や種類の異なる電解質溶液どうしの界面には電位差が生じて起電力測定の誤差となる。これを無視できるようにするために，電極反応とは直接関係しない電解質の濃厚溶液でできた塩橋で2つの半電池の電解質溶液間をつなぐ。

解 説

一般に異なる電解質溶液どうしを接触させるとその界面には電位差が生じる。これを液間電位差といい，電極間の電位差を測定するときの誤差となる。液間電位差は，電解質溶液の陽イオンと陰イオンの移動速度（移動度）が異なるために界面で電荷の偏りが生じることで発生する。液間電位差を小さくするためには，移動度がほぼ等しい陽イオンと陰イオンの電解質で作った塩橋を用いる。塩橋にはKClの濃厚溶液を寒天で固めたものが一般に用いられる（図 6-4）。

例題 6-8 下記の電池の反応式を示し，付表の標準電極電位の値を用いてそれぞれの電池の標準起電力を求めよ。

(1) $Zn \mid Zn^{2+} \parallel Cu^{2+} \mid Cu$

(2) $Pt \mid Fe^{2+}, Fe^{3+} \parallel Ce^{3+}, Ce^{4+} \mid Pt$

(3) $Pb \mid Pb^{2+} \parallel Cl^- \mid AgCl(s) \mid Ag$

解 答

(1) IUPACの勧告に従うと電極反応は還元反応として表すので，それぞれの半電池反応は次のように表わされる。

左の半電池：$Zn^{2+} + 2e^- \rightleftarrows Zn \qquad E^0_{Zn} = -0.763\ V$

右の半電池：$Cu^{2+} + 2e^- \rightleftarrows Cu \qquad E^0_{Cu} = 0.337\ V$

この電池の電池反応は（右の半電池反応－左の半電池反応）として表される。

$$Cu^{2+} + Zn \rightleftarrows Zn^{2+} + Cu$$

電池の起電力も，右の半電池反応の電位から左の半電池反応の電位を引くことにより求められるので，標準起電力 E^0 は次の値になる。

$$E^0 = E^0_{Cu} - E^0_{Zn} = 0.337 - (-0.763) = 1.100\ V$$

以下の問題も同様に解けばよい。

(2) 半電池反応とその標準電極電位

$Fe^{3+} + e^- \rightleftarrows Fe^{2+} \qquad E^0_{Fe} = 0.771\ V$

$Ce^{4+} + e^- \rightleftarrows Ce^{3+} \qquad E^0_{Ce} = 1.61\ V$

電池反応とその標準起電力

$$Ce^{4+} + Fe^{2+} \rightleftarrows Ce^{3+} + Fe^{3+}$$

$$E^0 = E^0_{Ce} - E^0_{Fe} = 1.65 \text{ V}$$

(3) 半電池反応とその標準電極電位

$$\frac{1}{2}Pb^{2+} + e^- \rightleftarrows \frac{1}{2}Pb \qquad E^0_{Pb} = -0.126 \text{ V}$$

$$AgCl + e^- \rightleftarrows Ag + Cl^- \qquad E^0_{AgCl} = 0.2222 \text{ V}$$

電池反応とその標準起電力

$$AgCl(s) + \frac{1}{2}Pb \rightleftarrows \frac{1}{2}Pb^{2+} + Ag + Cl^-$$

$$E^0 = E^0_{AgCl} - E^0_{Pb} = 0.348 \text{ V}$$

なお，右の半電池は銀－塩化銀電極でその詳細は 6.5 で説明する。

> **電池反応を書き表す場合**
> 電池反応は，左右の半電池の電極反応の反応電子数が同じになるようにして求める（反応電子数が 1 になるようにして書き表すとよい）。

> **例題 6-9** 一次電池と二次電池の違いについて説明せよ。

解 答

　一次電池は放電してしまうと再充電できない使い捨ての電池で，マンガン乾電池やアルカリマンガン乾電池などがある。これらの電池は放電により化学物質が不可逆的に変化してしまうので充電によりもとに戻すことができず，一度放電してしまうとそれが寿命になる。実際には多少の充電が可能なものもあるが，液漏れや破裂の危険がある。

　一方，二次電池は再充電して繰り返して使える電池で，鉛蓄電池やニッケルカドミウム乾電池などがある。たとえば鉛蓄電池では放電のときは次の反応が生じるが，再充電によりこれらの逆反応が生じて，負極と正極の電極活性物質である Pb と PbO_2 が再生されるために起電力が回復する。

負極：$Pb + SO_4^{2-} \rightleftarrows PbSO_4 + 2e^-$

正極：$PbO_2 + 4H^+ + SO_4^{2-} + 2e^- \rightleftarrows PbSO_4 + 2H_2O$

6.3 ネルンスト式（Nernst 式）

> **例題 6-10** 次の電池反応のネルンスト式を示せ。
> (1) $Cu^{2+} + Zn \rightleftarrows Cu + Zn^{2+}$　　　　(6-20)
> (2) $Fe^{2+} + Ce^{4+} \rightleftarrows Fe^{3+} + Ce^{3+}$　　　(6-21)

第1編　基礎理論編

活量と活量係数

活量はさまざまな物理化学的性質に対する化学種の実効濃度であり，化学種 X の活量 a_X は実濃度 [X] を用いて $a_X = \gamma_X[X]$ と表せる。ただし，γ_X は実濃度 [X] と実効濃度 a_X のずれを補正する係数で活量係数という。希薄溶液の場合は近似的に $\gamma_X = 1$ とすることができる。

解 答

それぞれの金属イオン M^{n+} の活量を $a_{M^{n+}}$ で表すとネルンスト式は次のように表される。

(1) $\quad E = E^0 - \dfrac{RT}{2F} \ln \dfrac{a_{Zn^{2+}}}{a_{Cu^{2+}}}$ \hfill (6-22)

(2) $\quad E = E^0 - \dfrac{RT}{F} \ln \dfrac{a_{Fe^{3+}} a_{Ce^{3+}}}{a_{Fe^{2+}} a_{Ce^{4+}}}$ \hfill (6-23)

解説

例題 6-10 の電池反応を一般式で表すと次式になる。

$$aA + bB + \ldots \rightleftarrows mM + nN + \ldots \quad (6\text{-}24)$$

この電池の起電力 (E) は次のネルンスト式で表すことができる。

$$E = E^0 - \dfrac{RT}{nF} \ln \dfrac{a_M^m a_N^n \ldots}{a_A^a a_B^b \ldots} \quad (6\text{-}25)$$

ただし，E^0 は標準状態における起電力（標準起電力）であり，a_A，a_B，…，a_M，a_N，… はそれぞれの化学種 A，B，…，M，N，… の活量である。なお，固体の活量は 1 と定義されているので，(6-20) 式中の Cu や Zn の活量は 1 となる。また，R は気体定数，T は絶対温度，F はファラデー定数，n は 1 回の酸化還元反応で移動する電子の数であり反応の電子数という。

平衡に達したときの対数内部の数値はこの電池反応の平衡定数 K となる。

$$K = \dfrac{a_M^m a_N^n \ldots}{a_A^a a_B^b \ldots} \quad (6\text{-}26)$$

電池反応が平衡に達したとき起電力は $E = 0$ V となるので，平衡定数と標準起電力には次の関係が成り立つ。

$$E^0 = \dfrac{RT}{nF} \ln \dfrac{a_M^m a_N^n \ldots}{a_A^a a_B^b \ldots} = \dfrac{RT}{nF} \ln K \quad (6\text{-}27)$$

例題 6-11 次の電池の反応式とネルンスト式を示し，25℃ における起電力を求めよ。ただし，すべての化学種の活量係数は 1 として活量の代わりに濃度を用いよ。E^0 はそれぞれの電池の標準起電力である。

(1) $Zn \,|\, Zn^{2+}(0.100\ M) \,\|\, Cu^{2+}(1.00\ M) \,|\, Cu \quad E^0 = 1.100$ V

(2) $Cu \,|\, Cu^{2+}(0.0100\ M) \,\|\, Cu^{2+}(0.100\ M) \,|\, Cu \quad E^0 = 0.000$ V

(3) $Pt, H_2(1.00\ atm) \,|\, H^+(0.500\ M) \,\|\, Cu^{2+}(0.100\ M) \,|\, Cu$
$\hfill E^0 = 0.337$ V

解答

それぞれの電池反応の反応式，ネルンスト式および起電力は以下のようになる。

(1) 反応式：$Cu^{2+} + Zn = Cu + Zn^{2+}$

ネルンスト式：$E = 1.100 - \dfrac{0.0591}{2} \log \dfrac{[Zn^{2+}]}{[Cu^{2+}]}$

$[Zn^{2+}] = 0.10\,mol/L$，$[Cu^{2+}] = 1.0\,mol/L$ を代入すると，$E = 1.130\,V$ となる。

(2) 反応式：$Cu^{2+}(0.100) + Cu = Cu + Cu^{2+}(0.0100)$

ネルンスト式：$E = 0.000 - \dfrac{0.0591}{2} \log \dfrac{[Cu^{2+}(0.0100)]}{[Cu^{2+}(0.100)]}$
$= 0.0296\,V$

この電池に外部負荷をつなぐと左側の負極では酸化反応が生じ Cu^{2+} の濃度が $0.0100\,mol/L$ から増加する。一方，右側の正極では還元反応が生じ Cu^{2+} の濃度が $0.100\,mol/L$ から減少する。2 つの半電池の Cu^{2+} 濃度が等しくなると平衡に達し起電力は 0 V になる。

(3) 左の半電池の反応は $2\,H^+ + 2\,e^- \rightleftharpoons H_2$，右の半電池の反応は $Cu^{2+} + 2\,e^- \rightleftharpoons Cu$ なので，全反応は

$Cu^{2+} + H_2 \rightleftharpoons Cu + 2\,H^+$

となるのでネルンスト式と起電力は次式で示される。

$E = 0.337 - \dfrac{0.0591}{2} \log \dfrac{[H^+]^2}{[Cu^{2+}]\,p_{H_2}} = 0.325\,V$

左の半電池（水素電極）のように気体が反応に関与する場合は，気体の活量として分圧 p を用いる。

解説

図 6-1 もしくは例題 6-11 の(1)で表されるダニエル電池は，それぞれの半電池の電極と電解質の陽イオンが同じ金属で構成されていて，2 つの半電池で電極となる金属が異なっている。一方，図 6-5 に示すように一種類の電解質（希硫酸）に異なる金属（亜鉛と銅）を電極として浸した電池をボルタ電池（Volta 電池）という。例題 6-11 の(2)で表される電池は，それぞれの半電池が同じ金属電極と電解質で構成されていて電解質の濃度のみが異なる。このような電池を濃淡電池という。

例題 6-12 ボルタ電池の反応について説明せよ。

解答

Zn/Zn^{2+} の標準電極電位（$E^0 = -0.763\,V$）は H_2/H^+ の標準電極電

自然対数 ln と常用対数 log

ある数値 X の自然対数 ln と常用対数 log には $\ln X = 2.303 \log X$ の関係がある。これを用いて標準状態（25℃）におけるネルンスト式の係数を求めると，$R = 8.3144\,mol^{-1}\cdot K^{-1}$，$T = 298.15\,K$，$F = 96485\,C\cdot mol^{-1}$ を代入して

$\dfrac{RT}{F} \ln X$

$= \dfrac{(8.3144\,mol^{-1}\cdot K^{-1})(298.15\,K)}{96485\,C\cdot mol^{-1}}$
$\times 2.303 \log X$

$= 0.0591 \log X$ (6-28)

となる。なお，0.0591 の単位は電圧 (V) である。

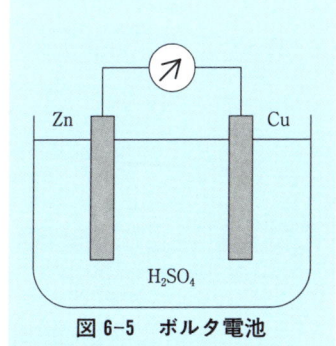

図 6-5 ボルタ電池

位（$E^0 = 0.000$ V）より低いので，負極の Zn は酸化されて Zn^{2+} イオンとして溶出する。Zn から放出された電子は導線を通って正極に流れ Cu を通して溶液中の H^+ を還元する。したがって，反応式は次式で表される。

（負極）　　　　$Zn \rightleftarrows Zn^{2+} + 2e^-$　　　　　　$E^0{}_{Zn} = -0.763$ V

（正極）　　　　$2H^+ + 2e^- \rightleftarrows H_2$　　　　　　$E^0{}_H = 0.000$ V

（全反応）　　　$2H^+ + Zn \rightleftarrows H_2 + Zn^{2+}$

この電池の標準起電力 E^0 は計算では $E^0 = E^0{}_{H_2} - E^0{}_{Zn} = 0.763$ V となる。ただし，実際の起電力は複雑な水素発生反応などのために理論値より小さくなる。

6.4 酸化還元電位（電極電位）

> **例題 6-13**　次の電極反応のネルンスト式を示せ。
> (1)　$Cu^{2+} + 2e^- \rightleftarrows Cu$　　　　　　　　　　　　　(6-29)
> (2)　$Fe^{2+} + e^- \rightleftarrows Fe^{3+}$　　　　　　　　　　　　　(6-30)

解答

それぞれの金属イオン M^{n+} の活量を $a_{M^{n+}}$ で表すとネルンスト式は次のように表される。

(1)　$E = E^0 - \dfrac{RT}{2F} \ln \dfrac{1}{a_{Cu^{2+}}}$　　　　　　　　　　　　(6-31)

(2)　$E = E^0 - \dfrac{RT}{F} \ln \dfrac{a_{Fe^{3+}}}{a_{Fe^{2+}}}$　　　　　　　　　　　　(6-32)

解説

例題 6-13 の電極反応を一般式で表すと次式になる。

$$O^{m+} + ne^- = R^{(m-n)+} \tag{6-33}$$

この反応の電極電位 E は（6-24）式の電池反応と同様に次の式で表され，これもネルンスト式とよぶ。

$$E = E^0 - \dfrac{RT}{nF} \ln \dfrac{a_R}{a_O} \tag{6-34}$$

ただし，E^0 は標準状態における電極電位（標準電極電位）であり，a_O, a_R は酸化種 O^{m+} と還元種 $R^{(m-n)+}$ の活量である。

平衡に達したときの対数内部の数値はこの反応の平衡定数 K となる。

$$K = \dfrac{a_R}{a_O} \tag{6-35}$$

電極電位と酸化還元電位

（6-33）式で表される反応は酸化体 O^{m+} と還元体 $R^{(m-n)+}$ の酸化還元反応であり，この反応系が示す電極電位および標準電極電位をそれぞれ酸化還元電位および標準酸化還元電位ともいう。したがって，（標準）酸化還元電位と（標準）電極電位は同じ意味を持っている。このほかに（標準）電位などとよぶ場合もあるが，本書では（標準）電極電位とよぶ。

この電極系と SHE で電池を構成し電池反応が平衡に達したとき起電力は $E=0\,\text{V}$ となるので，平衡定数と標準電極電位には次の関係が成り立つ．

$$E^0 = \frac{RT}{nF} \ln \frac{a_R}{a_O} = \frac{RT}{nF} \ln K \tag{6-36}$$

6.5 電極系の種類

例題 6-14 次の電極系の反応式とネルンスト式を示せ．
(1) $\text{H}^+(\text{aq})\,|\,\text{H}_2(\text{g})\,|\,\text{Pt}$ （ガス電極系） (6-37)
(2) $\text{Zn}^{2+}\,|\,\text{Zn}$ （金属電極系（第一種電極系）） (6-38)
(3) $\text{Fe}^{2+},\,\text{Fe}^{3+}\,|\,\text{Pt}$ （酸化還元電極系）
(4) $\text{Cl}^-,\,\text{AgCl(s)}\,|\,\text{Ag}$ （銀－塩化銀電極，金属難溶性塩電極系（第二種電極系）） (6-39)

解 答
それぞれの電極系の反応式とネルンスト式は次のようになる．

(1) $\text{H}^+ + \text{e}^- \rightleftarrows \frac{1}{2}\text{H}_2 \qquad E = E^0 - \frac{RT}{F} \ln \frac{p_{\text{H}_2}^{1/2}}{a_{\text{H}^+}}$

これは水素電極であり，標準状態（$a_{\text{H}^+}=1$，$p_{\text{H}_2}=1\,\text{atm}$）での電位（標準電極電位）は，IUPAC の規定により $E^0=0.0000\,\text{V}$ である．

(2) $\text{Zn}^{2+} + 2\text{e}^- \rightleftarrows \text{Zn} \qquad E = E^0 - \frac{RT}{2F} \ln \frac{1}{a_{\text{Zn}^{2+}}}$

(3) $\text{Fe}^{3+} + \text{e}^- \rightleftarrows \text{Fe}^{2+} \qquad E = E^0 - \frac{RT}{F} \ln \frac{a_{\text{Fe}^{2+}}}{a_{\text{Fe}^{3+}}}$

(4) この電極反応は図 6-6 に示すように，Ag の電極反応 ① と AgCl の溶解沈殿反応 ② に分離できる．Ag の電極反応は
$$\text{Ag}^+(\text{aq}) + \text{e}^- \rightleftarrows \text{Ag(s)} \tag{6-40}$$
であり，この反応のネルンスト式は次式で示される．
$$E = E^0_{\text{Ag}} - \frac{RT}{F} \ln \frac{1}{a_{\text{Ag}^+}} \tag{6-41}$$
一方，AgCl の溶解沈殿反応は
$$\text{Ag}^+(\text{aq}) + \text{Cl}^-(\text{aq}) \rightleftarrows \text{AgCl(s)} \tag{6-42}$$
となる．この反応の平衡定数 K_{SP} を溶解度積（Solubility products）といい次式で表される．
$$K_{SP} = a_{\text{Ag}^+} a_{\text{Cl}^-} \tag{6-43}$$

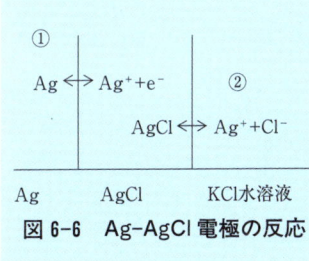

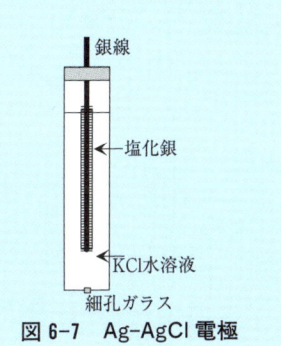

図 6-6 Ag-AgCl 電極の反応

図 6-7 Ag-AgCl 電極

全反応は (6-40) 式と (6-42) 式の差として求められ次式の反応になる。

$$AgCl(s) + e^- \rightleftharpoons Ag(s) + Cl^-(aq) \qquad (6\text{-}44)$$

また，ネルンスト式 (6-41) に K_{SP} の関係式 (6-43) を代入すると (6-45) 式が得られる。

$$E = E^0_{AgCl} - \frac{RT}{F} \ln a_{Cl^-} \qquad (6\text{-}45)$$

ただし，E^0_{AgCl} は反応 (6-40) の標準電極電位 E^0_{Ag} と次の関係になる。

$$E^0_{AgCl} = E^0_{Ag} + \frac{RT}{F} \ln K_{SP} \qquad (6\text{-}46)$$

この電極系は銀・塩化銀電極といい，たとえば図 6-7 のような構造をしている。

解説

電極系はその構成と電極反応によりいくつかのタイプに分類することができる。以下におもなものを示す。

(1) ガス電極系

白金などの電気化学的に不活性な金属を，電極活性な気体とその気体から生じるイオンを含む溶液に浸した電極系をガス電極系という。代表的な例は図 6-3 に示した水素電極である。白金黒付白金は電解により白金の表面を白金の微粒子で覆ったもので，触媒作用により水素分子の原子化が起こり，$1/2H_2 \rightarrow H^+ + e^-$ の反応を活性化する。

(2) 金属電極系（第一種電極系）

ダニエル電池（図 6-1）を構成しているそれぞれの半電池（Zn/Zn^{2+} 電極系，Cu/Cu^{2+} 電極系）のように，金属イオン M^{n+} の溶液に金属 M を電極として浸した電極系で，$M|M^{n+}(aq)$ で表され，その電極反応式は次式で表される。

$$M^{n+} + ne^- \rightleftharpoons M \qquad (6\text{-}47)$$

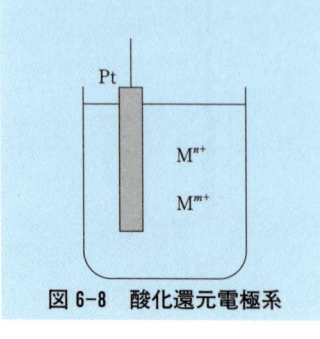

そのネルンスト式は，固体の活量が $a_M=1$ であることを考慮すると次式で示される。

$$E = E^0 + \frac{RT}{nF} \ln a_{M^{n+}} \qquad (6\text{-}48)$$

(3) 酸化還元電極系

Fe^{2+} と Fe^{3+} のように同じ元素でイオン価の異なる 2 種類のイオン M^{m+}，$M^{(m-n)+}$ を含む溶液に白金のような不活性な金属を浸した電極系で，$Pt|M^{m+}, M^{(m-n)+}(aq)$ で表され電極反応式は次式になる。

$$M^{m+} + ne^- \rightleftharpoons M^{(m-n)+} \qquad (6\text{-}49)$$

図 6-8　酸化還元電極系

この反応のネルンスト式は次式で示される。

$$E = E^0 - \frac{RT}{nF} \ln \frac{a_{M^{(m-n)+}}}{a_{M^{m+}}} \qquad (6\text{-}50)$$

(4) 金属難溶性塩電極系（第二種電極系）

銀－塩化銀電極（図6-6）のように，金属 M とそのイオン M^+ の電極反応，および M^+ とその難溶性塩 MX(s) の溶解平衡反応からなる電極系である。

> **例題 6-15** 付表の標準電極電位の値を用いて AgCl と AgI の溶解度積を求めよ。

解答

$$E^0_{AgCl} = E^0_{Ag} + \frac{RT}{F} \ln K_{SP}$$

上式に，$E^0_{Ag}=0.7991$ V と $E^0_{AgCl}=0.2222$ V を代入すると $0.2222=0.7991+0.0591 \log K_{SP}$ より $\log K_{SP}=-9.7614$ となり $K_{SP}=1.731 \times 10^{-10}\,(\text{mol}^2/\text{L}^2)$ が得られる。

つぎに AgI について，$E^0_{Ag}=0.7991$ V と $E^0_{AgI}=-0.1518$ V を (6-46) 式に代入すると $-0.1518=0.7991+0.0591 \log K_{SP}$ より $\log K_{SP}=-16.0897$ となり $K_{SP}=8.134 \times 10^{-17}\,(\text{mol}^2/\text{L}^2)$ が得られる。

6.6 標準電極電位からわかること

> **例題 6-16** 標準電極電位と酸化剤・還元剤の関係を説明せよ。

解答

標準電極電位が大きな正の値を示す物質は強い酸化剤となり，負に大きな値を示す物質は強い還元剤となる。たとえば，$M^{n+}+ne^- \rightleftharpoons M^0$ の標準電極電位を E^0 とする。E^0 と標準ギブズエネルギー変化 ΔG^0 の関係 $\Delta G^0=-nFE^0$ より，大きな正の E^0 を示す物質は右向きの反応が $\Delta G<0$ となり，還元反応が自発的に生じる傾向が強い。したがって，他の化学種を酸化して自身は還元されようとするので酸化剤として働く。逆に E^0 が大きな負の値を示す物質は還元剤として働く。

第1編　基礎理論編

> **イオン傾向**
>
> イオン化傾向は金属が酸化されて金属イオンになりやすさの程度を示している。したがって，イオン化傾向が大きいほど，標準電極電位は負に大きくなり金属陽イオンになりやすい。逆に，イオン化傾向が小さいほど金属状態が安定で標準電極電位は正に大きくなる。

解説

酸化剤とは他の物質を酸化して自身が還元されようとする傾向の強い物質であり，還元剤とは他の物質を還元して自身が酸化されようとする傾向の強い物質である。標準電極電位が大きな正の値を示す物質を電極反応で酸化するにはより正の電位をかける必要がある。このような物質は還元されようとする傾向が強い。したがって，その物質が酸化状態にあると，他の物質を酸化して自身は還元されようとするので，強い酸化剤となる。一方，標準電極電位が大きな負の値を示す物質はそれ自身が酸化されようとする傾向が強い。したがって，その物質が還元状態にあると，他の物質を還元して自身は酸化されようとするので強い還元剤となる。

> **例題 6-17** 標準電極電位に関する次の各問いに答えよ。
> (1) 2つの半反応を組み合わせたときに自発的に反応が生じる方向を示せ。
> (2) 金属の標準電極電位とイオン化傾向の関係を説明せよ。

解説

(1) 2つの半反応のうち E^0 が低い反応の反応式を最初に，次の行に E^0 の高い反応の反応式を，どちらも還元反応として書く。このとき反応は，下記に示すように Z 字の方向に自発的に進行する。

$$Zn^{2+} + 2e^- \rightleftharpoons Zn \qquad E^0 = -0.763 \text{ V} \qquad (6\text{-}51)$$

$$Cu^{2+} + 2e^- \rightleftharpoons Cu \qquad E^0 = 0.337 \text{ V} \qquad (6\text{-}52)$$

(2) 上の例に示すように，標準電極電位 E^0 が負に大きい物質は左向きの酸化反応が $\Delta G^0 < 0$ となるので，金属イオンになろうとする傾向が強くイオン化傾向が大きくなる。逆に，E^0 が正に大きいほど還元されて金属状態になりやすいので，イオン化傾向が小さくなる。

> **例題 6-18** 次の反応の 25 ℃ における平衡定数 K を求めよ。ただし，E^0 は標準起電力である。
> (1) $Cu^{2+} + Zn \rightleftharpoons Cn + Zn^{2+}$ 　　$(E^0 = 1.10 \text{ V})$
> (2) $Fe^{2+} + Ce^{4+} \rightleftharpoons Fe^{3+} + Ce^{3+}$ 　　$(E^0 = 0.84 \text{ V})$

解答

(6-26) 式からわかるように，平衡定数と標準起電力の間には次の関係が成り立つ。

$$E^0 = \frac{0.0591}{n} \log K \tag{6-53}$$

この式にそれぞれの反応の E^0 の値を代入する平衡定数が求められる。

(1) $E^0 = 1.10\,\mathrm{V}$, $n = 2$ を (6-53) 式に代入すると

$$\log K = \frac{2 \times 1.10}{0.0591} = 37.2 \quad \text{より} \quad K = 1.68 \times 10^{37} \text{ となる。}$$

ただし，平衡定数は $K = \dfrac{a_{\mathrm{Zn}^{2+}}}{a_{\mathrm{Cu}^{2+}}}$ である。

(2) $E^0 = 0.84\,\mathrm{V}$, $n = 1$ を (6-53) 式に代入すると

$$\log K = \frac{0.84}{0.0591} = 14.21 \quad \text{より} \quad K = 1.63 \times 10^{14} \text{ となる。}$$

ただし，$K = \dfrac{a_{\mathrm{Fe}^{3+}} a_{\mathrm{Ce}^{3+}}}{a_{\mathrm{Fe}^{2+}} a_{\mathrm{Ce}^{4+}}}$ である。

解説

どちらの系も平衡定数 K は非常に大きな値になる。これは，平衡状態ではそれぞれの反応が右に大きく偏ることを示している。つまり，例題の (1) では Cu^{2+} はほぼ完全に Cu に還元され，例題の (2) では Fe^{2+} と Ce^{4+} はそれぞれ，ほぼ完全に Fe^{3+} と Ce^{3+} になることを意味している。

例題 6-19 水溶液中での鉄の腐食について説明せよ。

解答

鉄の腐食とは，鉄が酸化されて陽イオンになり水中に溶出する反応であるが，この反応が進行するには鉄の酸化にともなって放出される電子を消費する反応が必要である。水中での水素の発生反応 $2\mathrm{H}^+ + 2e^- \rightleftharpoons \mathrm{H}_2$ や酸素の還元反応 $\mathrm{O}_2 + 2\mathrm{H}_2\mathrm{O} + 4e^- \rightleftharpoons 4\mathrm{HO}^-$ がその役割を担う。

鉄の主な腐食反応として次の反応が考えられる。

$$2\mathrm{Fe} + \mathrm{O}_2 + 2\mathrm{H}_2\mathrm{O} \longrightarrow 2\mathrm{Fe(OH)}_2 \tag{6-54}$$

この反応は，鉄の酸化と酸素の還元の部分反応に分けられる。

$$2\mathrm{Fe} \rightarrow 2\mathrm{Fe}^{2+} + 4e^- \tag{6-55}$$

$$\mathrm{O}_2 + \mathrm{H}_2\mathrm{O} + 4e^- \longrightarrow 4\mathrm{OH}^- \tag{6-56}$$

Fe^{2+} はさらに酸化されて Fe^{3+} になる。

$$4\mathrm{Fe(OH)}_2 + \mathrm{O}_2 + 2\mathrm{H}_2\mathrm{O} \longrightarrow 4\mathrm{Fe(OH)}_3 \tag{6-57}$$

鉄の防食

腐食を防ぐことを防食というが，鉄の防食には次のような方法がある。

犠牲アノード：アノードとして使用する亜鉛が代わりに溶解し，鉄では水素発生が起こり防食される。

カソード防食：鉄を電気化学的に分極してカソード化し防食する。

インヒビター：腐食反応速度を抑制する薬剤（インヒビター）として，例えば安息香酸を添加する。

鉄さびの組織

(6-57) 式で $\mathrm{Fe(OH)}_3$ と示しているが，正確には Fe^{3+} の酸化物に複数の水分子が結合したもので，$\mathrm{Fe}_2\mathrm{O}_3 \cdot X\mathrm{H}_2\mathrm{O}$ と表すべきである。

第6章　章末問題

問題 6-1

下記の反応の反応式を示せ。

(1) 酸性溶液中で MnO_4^-（過マンガン酸イオン）と H^+ から Mn^{2+} と水が生じる反応。

(2) 塩基性溶液中で MnO_4^- から MnO_2 が生じる反応。

(3) $C_2O_4^{2-}$（シュウ酸イオン）から CO_2 が生じる反応。

問題 6-2

次の半電池の反応式を示せ。

(1) $Cu\,|\,Cu^{2+}\,\|$　　　(2) $Ag\,|\,AgCl(s),Cl^-\,\|$

(3) $Pt,H_2\,|\,H^+\,\|$　　　(4) $C\,|\,Zn,Zn^{2+}\,\|$

(5) $Pt\,|\,Fe^{2+},Fe^{3+}\,\|$

問題 6-3

以下の半電池反応のネルンスト式を示せ。

(1) $MnO_4^- + 8\,H^+ + 5\,e^- \rightleftarrows Mn^{2+} + 4\,H_2O$

(2) $O_2 + 2\,H^+ + 2\,e^- \rightleftarrows H_2O_2$

(3) $CrO_4^{2-} + 14\,H^+ + 6\,e^- \rightleftarrows 2\,Cr^{3+} + 7\,H_2O$

問題 6-4

以下の電池反応の正極と負極での半電池反応の反応式を示せ。

(1) 鉛蓄電池（$Pb\,|\,H_2SO_4\,|\,PbO_2$）の電池反応

$PbO_2 + Pb + 2\,SO_4^{2-} + 4\,H^+ \rightleftarrows 2\,PbSO_4 + 2\,H_2O$

(2) ニッカド電池（$Cd\,|\,KOH(aq)\,|\,NiOOH$）の電池反応

$Cd + 2\,NiOOH + 2\,H_2O \rightleftarrows Cd(OH)_2 + 2\,Ni(OH)_2$

問題 6-5

以下の電極系のネルンスト式を示し，25℃における電極電位を求めよ。ただし，すべての化学種の活量係数は1とする。

(1) $Pt\,|\,Fe^{2+}(0.01\,mol/L),Fe^{3+}(0.1\,mol/L)\,\|$

(2) $Cu\,|\,Cu^{2+}(0.25\,mol/L)\,\|$

(3) $Ag\,|\,AgI(s)\,|\,I^-(0.01\,mol/L)\,\|$

(4) $Pt\,|\,Cl^-(0.1\,mol/L)\,Cl_2(1\,atm)\,\|$

問題 6-6

下記の酸化還元反応の反応式とネルンスト式を示せ。ただし，全ての活量係数は1として濃度で示すこと。

(1) 水溶液中で MnO_4^-，$C_2O_4^{2-}$，H^+ が反応して Mn^{2+}，CO_2，水が生じる反応。

(2) 水溶液中で MnO_4^-，H_2O_2，H^+ が反応して Mn^{2+}，O_2，水が生

じる反応。

問題 6-7

付表の標準電極電位の値を用いて以下の反応が標準状態で左右どちらに進みやすいかを判定せよ。

(1) $Fe^{2+} + Zn \rightleftarrows Fe + Zn^{2+}$

(2) $Fe^{2+} + Sn \rightleftarrows Fe + Sn^{2+}$

(3) $2\,Cu^+ \rightleftarrows Cu^{2+} + Cu$

(4) $2\,Sn^{2+} \rightleftarrows Sn^{4+} + Sn$

問題 6-8

トタン板（表面に亜鉛をメッキを施した鉄板）とブリキ板（表面に錫をメッキを施した鉄板）の腐食反応の違いを説明せよ。

章末問題　解答

問題 6-1

(1) $MnO_4^- + 8H^+ + 5e^- \rightleftarrows Mn^{2+} + 4H_2O$

(2) $MnO_4^- + 2H_2O + 3e^- \rightleftarrows MnO_2 + 4OH^-$

(3) $C_2O_4^{2-} \rightleftarrows 2CO_2 + 2e^-$

問題 6-2

(1) $Cu \rightleftarrows Cu^{2+} + 2e^-$　(2) $Ag + Cl^- \rightleftarrows AgCl(s) + e^-$

(3) $H_2 \rightleftarrows 2H^+ + 2e^-$　(4) $Zn \rightleftarrows Zn^{2+} + 2e^-$

(5) $Fe^{2+} \rightleftarrows Fe^{3+} + e^-$

問題 6-3

(1) $E = E^0 - \dfrac{RT}{5F} \ln \dfrac{[Mn^{2+}]}{[MnO_4^-][H^+]^8}$

(2) $E = E^0 - \dfrac{RT}{2F} \ln \dfrac{[H_2O_2]}{p_{O_2}[H^+]^2}$

(3) $E = E^0 - \dfrac{RT}{6F} \ln \dfrac{[Cr^{3+}]^2}{[Cr_2O_4^{2-}][H^+]^{14}}$

問題 6-4

(1) 負極：$Pb + SO_4^{2-} \rightleftarrows PbSO_4 + 2e^-$

　　正極：$PbO_2 + 4H^+ + SO_4^{2-} + 2e^- \rightleftarrows PbSO_4 + 2H_2O$

(2) 負極：$Cd + OH^- \rightleftarrows Cd(OH)_2 + 2e^-$

　　正極：$NiOOH + H_2O + e^- \rightleftarrows Ni(OH)_2 + OH^-$

問題 6-5

(1) $E = E^0 - \dfrac{RT}{F} \ln \dfrac{[Fe^{2+}]}{[Fe^{3+}]}$

$E = -0.036 - 0.059 \log(0.01/0.1) = 0.023 \text{ V}$

(2) $E = E^0 - \dfrac{RT}{F} \ln \dfrac{1}{[Cu^{2+}]}$

$E = 0.337 - (0.059/2) \log(1/0.25) = 0.32 \text{ V}$

(3) $E = E^0 - \dfrac{RT}{F} \ln [I^-]$

$E = -0.1518 - 0.059 \log 0.01 = -0.034 \text{ V}$

この反応は，以下に示すように銀の酸化還元反応とヨウ化銀の溶解平衡で表される。

$Ag^+ + e^- \rightleftarrows Ag \quad E = E^0_{Ag} - \dfrac{RT}{F} \ln \dfrac{1}{[Ag^+]}$

$Ag^+ + I^- \rightleftarrows AgCl(s) \quad [Ag^+][I^-] = K_{SP}$

$E = E^0_{Ag} - \dfrac{RT}{F} \ln \dfrac{1}{[Ag^+]} = E^0_{Ag} - \dfrac{RT}{F} \ln \dfrac{[I^-]}{K_{SP}}$

$ = E^0_{AgI} - \dfrac{RT}{F} \ln [I^-]$

ただし，$E^0_{\mathrm{AgI}} = E^0_{\mathrm{Ag}} + \dfrac{RT}{F} \ln K_{\mathrm{sp}}$

(4) $E = E^0 - \dfrac{RT}{2F} \ln \dfrac{[\mathrm{Cl^-}]}{p_{\mathrm{Cl_2}}}$

$E = 1.3595 - (0.059/2) \ln 0.1 = 1.3664 \, \mathrm{V}$

問題 6-6

(1) $2\,\mathrm{MnO_4^-} + 5\,\mathrm{C_2O_4^-} + 16\,\mathrm{H^+} \rightleftharpoons 2\,\mathrm{Mn^{2+}} + 10\,\mathrm{CO_2} + 8\,\mathrm{H_2O}$

$E = E^0 - \dfrac{RT}{10F} \ln \dfrac{[\mathrm{Mn^{2+}}]^2 p_{\mathrm{CO_2}}^{10}}{[\mathrm{MnO_4^-}]^2 [\mathrm{C_2O_4^{2-}}]^5 [\mathrm{H^+}]^{16}}$

(2) $2\,\mathrm{MnO_4^-} + 5\,\mathrm{H_2O_2} + 6\,\mathrm{H^+} \rightleftharpoons 2\,\mathrm{Mn^{2+}} + 5\,\mathrm{O_2} + 8\,\mathrm{H_2O}$

$E = E^0 - \dfrac{RT}{10F} \ln \dfrac{[\mathrm{Mn^{2+}}]^2 p_{\mathrm{O_2}}^5}{[\mathrm{MnO_4^-}]^2 [\mathrm{H_2O_2}]^5 [\mathrm{H^+}]^6}$

問題 6-7

(1) $E = E^0_{\mathrm{Fe}} - E^0_{\mathrm{Zn}} = 0.3226 \, \mathrm{V} > 0$ より

反応は右に進行する。

(2) $E = E^0_{\mathrm{Fe}} - E^0_{\mathrm{Sn}} = -0.304 \, \mathrm{V} < 0$ より

反応は左に進行する。

(3) $E = E^0_{\mathrm{Cu^+}} - E^0_{\mathrm{Cu^{2+}}} = 0.184 - 0.153 = 0.031 > 0$ より

反応は右に進行する。

(4) $E = E^0_{\mathrm{Sn^{2+}}} - E^0_{\mathrm{Sn^{4+}}} = -0.136 - 0.158 = -0.29 \, \mathrm{V} < 0$ より

反応は左に進行する。

問題 6-8

トタンでは $\mathrm{Fe^{2+} + Zn^0 \rightleftharpoons Fe^0 + Zn^{2+}}$ の反応は右に進行するので，鉄板が酸化される前に表面の亜鉛が参加されることで鉄板を保護する。逆に，ブリキでは $\mathrm{Fe^{2+} + Sn^0 \rightleftharpoons Fe^0 + Sn^{2+}}$ の反応は左に進行するので表面のスズが酸化される前に内部の鉄板から酸化される。

第7章
錯体の化学

近年の錯体に関する理論の展開や機器分析の発展にともない錯体の研究対象が広がった。現在ではあらゆる分野に錯体に関する事項が出てくる。この章では錯体化学の基本事項を演習を通して学ぶ。

7.1 序　論

> **例題 7-1**　次の化合物で錯体に相当するものはどれか。
> (1)　K_2CrO_4　　(2)　Na_2SO_4　　(3)　KPF_6
> (4)　$[Cu(NH_3)_4]SO_4$　　(5)　$K[Au(OH)_4]$　　(6)　$Ni(CO)_4$
> (7)　$Fe(C_5H_5)_2$　　(8)　$PtCl_3(C_2H_4)$

解答

錯体の定義はいろいろあるが，金属原子または金属イオンからなる金属錯体で考えると(4)～(8)が錯体で，(1)～(3)は錯体でないことになる。配位結合を含むとする広義によると(1)～(8)が該当する。

解説

錯体は広義には

「イオンまたは分子に他のイオンまたは分子が結合(配位)したもの」

とする定義がある。しかし，この定義では ClO_4^-，SO_4^{2-} などのようなイオンも錯体に含まれることになるので，中心になる原子またはイオンが化学的に意味ある条件で存在し得るものであることや，錯体が形成される時に含まれる化学反応は十分起こり得るものであること等の制限を加えることがある。

狭義には

「金属原子または金属イオンが中心となり他の原子，分子，イオンなどを配位した化学種」とする定義がある。それを強調して金属錯体 (metal complex) ということがある。

また配位結合を含む化合物を配位化合物 (coordination compound) とよぶことがある。

第 7 章　錯体の化学

厳密にいうと各々の語句に相違があるが，普通には金属をルイス酸とした配位化合物を錯体といっている。

> **例題 7.2**　次の用語を説明せよ。
> (1) 配位子　(2) キレート (chelate)　(3) 配位数

解 答

(1) 配位子 (ligand)；中心金属と結合する分子・イオンで電子対供与体を配位子という。Cl^-，H_2O，NH_3 などの配位子は金属の配位座を 1 つ占める。一方，エチレンジアミンでは N 原子の 2 個，シュウ酸では O 原子の 2 個，オキシンでは N 原子と O 原子の 2 個が電子対供与原子となり，金属の配位座を 2 つ占めることになる。これら配位子は二座配位子という。二座配位子以上を多座配位子とう。

(2) キレート (chelate)；キレート化合物 (chelate compound) ともいい，金属と多座配位子との結合により，キレート環を形成している錯体をいう。キレートを形成する配位子をキレート剤という。

(3) 配位数 (coordination number)；金属錯体では，中心の金属イオン（または金属）が結合できる配位子（一座配位子として）の数をいう。生成した錯体の構造で見ると金属イオン（または金属）に直接結合している配位原子の数となる。金属は特定の配位数をもつが，1 つとは限らない。

金属イオンの配位数

配位数	金属イオン
2	Ag(I), Cu(I), Hg(I), Hg(II)
4	Cd(II), Co(II), Cu(II), Ni(II), Hg(II), Pd(II), Pt(II), Be(III)
6	Ca(II), Sr(II), Ba(II), Fe(II, III), Co(II, III), Ni(II), Ti(IV), V(III, IV), Cr(III)Pt(IV)Pd(IV), Sc(III), Y(III), Ru(III), Os(III)
8	Mo(IV), Zr(IV), W(IV), U(IV)

7.2　錯体の命名法

> **例題 7-3**　次の錯体の日本語名を書け。
> (1) $[Co(NH_3)_6]Cl_3$　　(2) $[CrCl(NH_3)_5]Cl_2$
> (3) $[Co(NH_3)_2(en)_2]Cl_3$　　(4) $[Cu(acac)_2]$
> (5) $[Fe(bpy)_3]Cl_3$　　(6) $K_3[Fe(CN)_6]$
> (7) $K[Au(OH)_4]$　　(8) $Na_3[Co(NO_2)_6]$
> (9) $K[PtCl_3(C_2H_4)]$　　(10) $Mn_2(CO)_{10}$

解 答

ストック方式により命名する。

(1) ヘキサアンミンコバルト(III)塩化物
(2) ペンタアンミンクロロクロム(III)塩化物
(3) ジアンミンビス(エチレンジアミン)コバルト(III)塩化物

(4) ビス(アセチルアセトナト)銅(II)
(5) トリス(2, 2′-ビピリジン)鉄(III)塩化物
(6) ヘキサシアノ鉄(III)酸カリウム
(7) テトラヒドロキソ金(III)酸カリウム
(8) ヘキサニトロコバルト(III)酸ナトリウム
　　ヘキサニトリト-N-コバルト(III)酸ナトリウム（別名）
(9) トリクロロ(η^2-エチレン)白金(II)酸カリウム
(10) ビス(ペンタカルボニルマンガン)

解 説

錯体の命名法を簡潔に解説する。

① 化学式；化学式の順番
　　中心原子―陰イオン性配位子―陽イオン性配位子―中性配位子
② 中心原子の酸化数；中心原子の酸化数は丸カッコ内にローマ数字で示す。
③ 化学式の名称；配位子を英語のアルファベット順に並べ、最後に中心原子を置く。錯陽イオンの中心原子名は元素名のままで変化しないが、錯陰イオン中では元素名の語尾が-ate、日本語では―酸となる。
③ 配位子の名称；陰イオン性配位子は-O［-オ］で終る。中性および陽イオン性配位子の各称は特別の場合を除き、そのまま用いる。
④ 成分比；成分比はギリシャ数詞で表す。モノ、ジなどが含まれる化合物や複雑な原子団などの数を示す時は、ビス（bis）、トリス（tris）、テトラキス（tetrakis）、ペンタキス（pentakis）などを用いる。
⑤ その他の命名法
・架橋原子または原子団にμ-をつけ残りの名称とつなぐ。
　　例
　　　[(NH$_3$)$_5$Cr－OH－Cr(NH$_3$)$_5$]Cl$_5$
　　　μ-ヒドロキソ-ビス(ペンタアンミン)クロム(III)塩化物

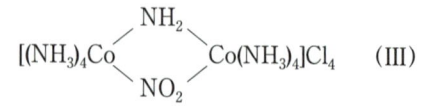

$$[(NH_3)_4Co \underset{NO_2}{\overset{NH_2}{\diagup \diagdown}} Co(NH_3)_4]Cl_4 \quad (III)$$

　　　μ-アミド-μ-ニトロ-ビス（テトラアンミンコバルト）塩化物
・アルケン、アリールなどの非局在π電子系配位子が金属と結合する場合、その金属原子に直接結合している炭素の数（n）をη^n-で示す。

配位子の名称（特別の場合）

H$_2$O；アクア (aqua), NH$_3$；アンミン (ammine) NO：ニトロシル (nitrosyl), CO：カルボニル (carbonyl)

ギリシヤ数詞の例

1 モノ (mono)　2 ジ (di)
3 トリ (tri)　4 テトラ (tetra)
5 ペンタ (penta)
6 ヘキサ (hexa)
7 ヘプタ (hepta)
8 オクタ (octa)
9 ノナ (nona)
10 デカ (deca)
11 ヘンデカ (hendeca)
12 ドデカ (dodeca)

異なる結合形式を取り得る配位

-SCN チオシアナト-S (thiocyanato-S), -NCS；チオシアナト-N (thiocyanato-N), -NO$_2$；ニトリト-N (nitrito-N) ニトロ (nitro), -ONO；ニトリト-O (nitrito-O)

7.3 配位立体化学

> **例題 7-4** 錯体の立体構造が直線，三角形，三方両錐，四角錐，正四面体，正方形，正八面体型の例を1個づつあげ，錯体の化学式と日本語名を書け。

解 答

直線；K[Au(CN)$_2$] ジシアノ金(I)酸カリウム

三角形；[Cu{SP(CH$_3$)$_3$}$_3$]ClO$_4$
　　　　トリス(トリメチルホスフィン硫化物)銅(I)過塩素酸塩[a]

三方両錐；[ZnCl$_2$(tpy)] ジクロロ(2,2′,2″-テルピリジン)亜鉛(II)[b]

四角錐；[InCl$_5$]$^{2-}$ ペンタクロロインジウム(III)イオン[c]

正四面体；K$_2$[Co(NCS)$_4$] テトラ(チオシアナト-N)コバルト(II)酸カリウム

正方形；K$_2$[PdCl$_4$] テトラクロロパラジウム(II)酸カリウム

正八面体；K$_3$[Fe(C$_2$O$_4$)$_3$] トリス(オキサラト)鉄(III)酸カリウム

三角柱錯体；[Re(S$_2$C$_2$Ph$_2$)$_3$] トリス(cis-スチルベン-α,β-ジチオラト)レニウム(IV)

> **例題 7-5** エナンチオ異性とジアステレオ異性について説明せよ。

解 答

エナンチオ異性；この異性体は互いに鏡像関係にあり，重ね合わせることができない。互いに反対のキラリティをもつという。錯体のエナンチオマーの例は6配位錯体に多く，[M(AA)bc]型錯体(AAは対称性の二座配位子)で例として[CoCl(NH$_3$)(en)$_2$]Brでシス形にエナンチオマーがある(図7-1)。[M(AA)$_3$]型で[Co(en)$_3$]X錯体がその例としてあり，結晶構造，絶対配置など多く研究されている。

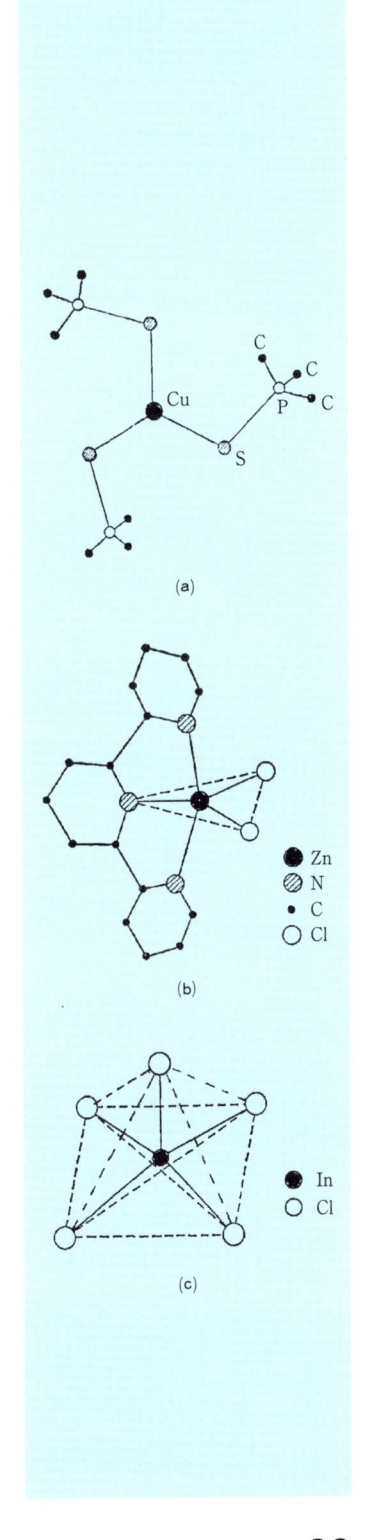

第1編　基礎理論編

> **光学異性体**
>
> 歴史的には互いに大きさが等しく正負が逆の旋光性（光学活性）を示す一対の化合物を互いに「光学異性体」と定義した。そして旋光性が分子のキラリティーによることが判明すると，「エナンチオマー」，「対掌体」の同義語として使われるようになった。IUPACでは光学異性体の代わりに「エナンチオマー」の使用が推奨されている。

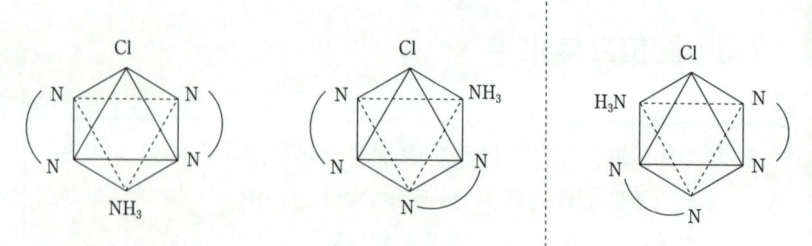

図7-1　[CoCl(NH$_3$)(en)$_2$]Br　図中のN⌒N；en（エチレンジアミン）
　　　　点線の左右がエナンチオ異性

ジアステレオ異性；エナンチオ異性以外の立体異性はジアステレオ異性とよばれる。*cis-trans* 異性体と *mer-fac* 異性体について述べる。

cis-trans 異性；正方形の4配位錯体の[Ma$_2$b$_2$]（Mは金属，a，bは単座配位子）の異性体の例として図7-2の白金錯体の例を示す。二座配位子を含む[M(AB)cd]（(AB)は非対称の二座配位子）の異性体の構造は図7-3に示す。

シス-ジクロロジアンミン白金(II)　　トランス-ジクロロジアンミン白金(II)

図7-2　白金錯体の異性体

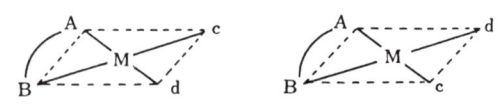

図7-3　[M(AB)cd]の異性体

mer-fac 異性；6配位錯体としては正八面体，平面六角形，正三角柱等がある。例として正八面体錯体では単座配位子を含む形としては[Ma$_4$b$_2$]，[Ma$_3$b$_3$]，[Ma$_2$b$_4$]があり，各々2個の異性体が考えられる。[Ma$_3$b$_3$]および二座配位子を含む[M(AB)$_3$]では，八面体の三角形の面を3個の同種配位子で囲むタイプの facial（*fac*）型と縦方向に3頂点を結ぶタイプの meridional（*mer*）型の異性体があり，図7-4のようになる。

fac　　　*mer*

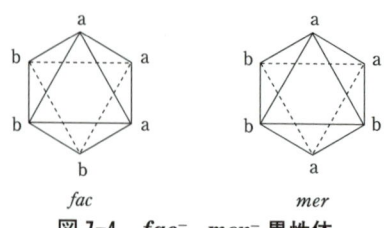

図7-4　*fac*⁻，*mer*⁻ 異性体

例題 7-6　次の錯体のジアステレオ異性体とエナンチオマーの構造を示せ。
(1) $[CoCl_2(NH_3)_2(en)]Br$　(2) $[CoCl_2(en)_2]Br$

解答

(1) $[CoCl_2(NH_3)_2(en)]Br$　点線の左右がエナンチオ異性

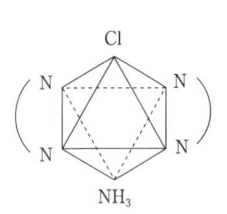

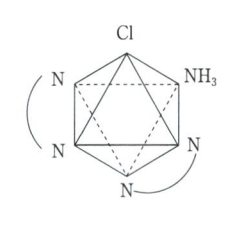

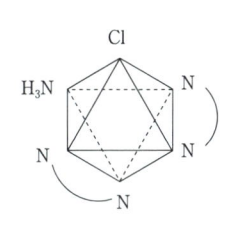

図 7-5

(2) $[CoCl_2(en)_2]Br$

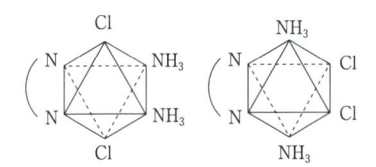

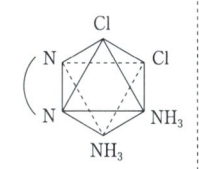

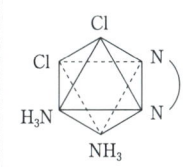

図 7-6

例題 7-7　イオン化異性と配位異性の例を示せ。

解答

イオン化異性；
　$[CoCl(NH_3)_5]SO_4$　と　$[CoSO_4(NH_3)_5]Cl$
　$[Pt(NH_3)_3Br]NO_2$　と　$[Pt(NH_3)_3NO_2]Br$

配位異性；
　$[Co(NH_3)_6][Cr(C_2O_4)_3]$　と　$[Cr(NH_3)_6][Co(C_2O_4)_3]$
　$[Cr(NH_3)_6][Cr(NCS)_6]$　と　$[Cr(NH_3)_4(NCS)_2][Cr(NH_3)_2(NCS)_4]$

種々の異性現象

イオン化異性；同一の組成であるが，溶液中では異なったイオンを生ずる異性体である。
同様なものとして配位水と結晶水との違いで
　$[Cr(H_2O)_6]Cl_3$, $[Cr(H_2O)_5Cl]Cl_2 \cdot H_2O$,

第 1 編　基礎理論編

[Cr(H₂O)₄Cl₂]Cl·2H₂O

があり，水和異性とよぶ。

配位異性；錯陽イオンと錯陰イオンを含む錯体で，全体の組成は同一であるが，金属に配位する配位子が次のように異なっている異性体である。

[Co(NH₃)₆][Cr(C₂O₄)₃] と [Cr(NH₃)₆][Co(C₂O₄)₃]
[Cr(NH₃)₆][Cr(NCS)₆] と
[Cr(NH₃)₄(NCS)₂][Cr(NH₃)₂(NCS)₄]

その他

結合異性；単座配位子で配位する原子が 2 個含まれている時，いずれで配位しているかで異性体を生じる。この型の異性体を示す配位子としては CN（C または N），NCS（N または S）などがある。

[Co(NH₃)₅(NO₂)]Cl₂ と [Co(NH₃)₅(ONO)]Cl₂
[Co(NCS)(NH₃)₅]Cl₂ と [Co(SCN)(NH₃)₅]Cl₂

7.4　金属錯体における結合について

例題 7-8　[Ni(CN)₄]²⁻ は反磁性であるが，[FeF₆]³⁻ は常磁性である。この事実を説明せよ。

解 答

[Ni(CN)₄]²⁻ の場合；Ni²⁺ の時は 2 個の不対電子持つのに対して錯体では dsp² の混成軌道を形成し，反磁性を示す。この dsp² 型の錯体では内側の d 軌道錯体を用いているので内軌道錯体（imer-orbital complex）とよばれる。図 7-7 にニッケル錯体の混成軌道を示す。内軌道型錯体としては [PtCl₄]²⁻，[Fe(CN)₆]³⁻，[Co(ox)₃]³⁻ などがある。

[Ni(CN)₄]²⁻

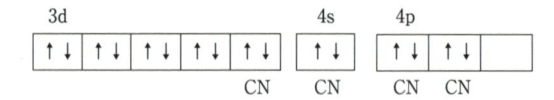

3d　　　　　　　　　4s　　　4p
↑↓ ↑↓ ↑↓ ↑↓ ↑↓　　↑↓　　↑↓ ↑↓
　　　　　　　　　　CN　　CN CN

[FeF₆]³⁻

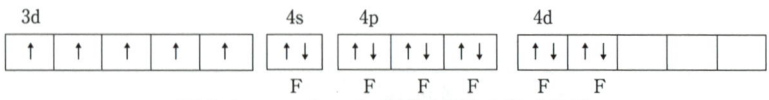

3d　　　　　　　　　4s　　4p　　　　4d
↑ ↑ ↑ ↑ ↑　　↑↓　↑↓ ↑↓ ↑↓　↑↓ ↑↓
　　　　　　　　　　F　　F F F　　F F

図 7-7　ニッケルおよび鉄錯体の混成軌道

[FeF₆]³⁻ の場合；外部軌道 4d を利用することにより sp³d² の混成軌道を形成し，5 個の不対電子があるので常磁性を示す。この sp³d² 型は外側の d 軌道を用いているので外軌道錯体（outer-orbital complex）

スピンオンリーの式

常磁性の強さを表すモーメント μ はすべての不対電子のスピン量子数の和 $S(=n\times 1/2)$ との間に

$$\mu/\mu_B = 2\sqrt{S(S+1)} = \sqrt{n(n+2)}$$

の関係がある。単位はボーア磁子（Bohr magneton，$\mu_B(=eh/2m_e$ [J·T⁻¹]）である。ただし，e は電気素量，h はプランク定数，m_e は電子の質量である。この式は電子のスピン角運動量が外部磁場によって影響を受けることから導きだされ，スピンオンリーの式という。

とよばれる。外軌道錯体としては［NiCl₄］²⁻, ［Fe(ox)₃］³⁻ などがある。

> **例題 7-9** 八面体錯体の結晶場理論（crystal field theory）について説明せよ。

解 答

　この理論は原子価結合理論では共有結合的であったのに対して，金属と配位子との結合は静電的（イオン結合性）であると仮定する。すなわち，配位子を単なる負電荷とみなし，この負電荷が中心金属イオンの軌道のエネルギーにどう影響するか解析する理論である。

　八面体錯体における結晶場；金属イオン M^{n+} を中心とする正八面体の頂点に配位子（$\delta-$の点電荷をもつ）6個がある図 7-8 に示すようなモデルを考える。NH_3 などの分子では，非共有電子対を負の電荷とみなす。金属イオンの5つのd軌道は相互作用のないガス状態ではエネルギー的に同一である（縮重しているという）。この陽イオンを負の結晶場に入れると電子間の反発により軌道のエネルギーは増大する。このモデルのように x, y, z 軸上に点電荷として配位子が位置すると，金属イオンの5つの軌道はその空間的広がりの違いによって配位子との静電相互作用が変わる。配位子は軸上に最大電子密度をもつ $d_{x^2-y^2}$, d_{z^2}（dγ という）とは強く相互作用をし，エネルギーが増大する。一方 x, y, z 軸間に最大密度をもつ d_{xy}, d_{yz}, d_{zx} 軌道（dε という）との反発は小さい。その結果，図 7-9 のように正八面体の結晶場では軌道が2つに分裂する。

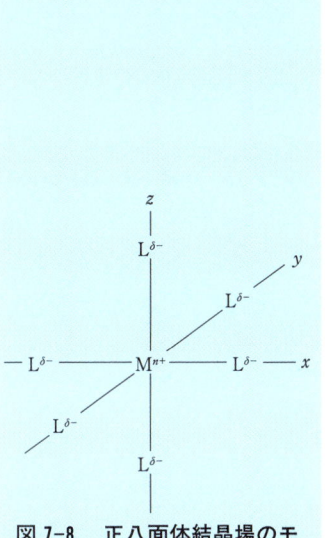

図 7-8 正八面体結晶場のモデル錯体

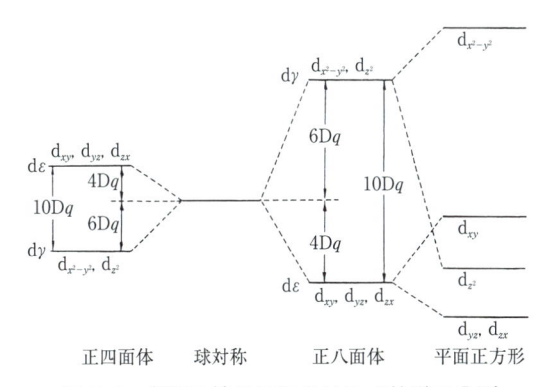

図 7-9 各種の結晶場における d 軌道の分裂

> **例題 7-10** 八面体錯体における結晶場安定化エネルギーを説明せよ。

103

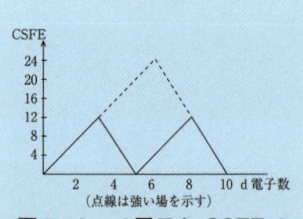

図 7-10　d 電子と CSFE の関係
（点線は強い場を示す）

10 Dq の大きさに影響をする因子

次の因子が考えられる。
① 金属イオンの酸化数　同一配位子からなる錯体では金属イオンの電荷が増加すれば，配位子をより強く引きつける。+2 価から +3 価で 10 Dq は 50 % 増加する。
② 錯体の構造
　四面体錯体での分裂幅は八面体の場合に比べ 4/9 である。これは 2 つの因子が考えられる。1 つは配位子が六つから四つになると場は 33 % 減少することによる。2 つめは四面体錯体では配位子の並び方が八面体錯体ほど効果的でないことによる。
③ 配位子の種類
　分光化学系列は配位子場の強さの増加する順に並んでいる。

解　答

d^1〜d^3 の場合；電子が 1 個の場合，$d\varepsilon$ 軌道に入ることになる。その時，縮重 d 軌道の時より図 7-9 でわかるように 4 Dq だけエネルギーの変化がある。このように安定化したエネルギーは結晶場安定化エネルギー（crystal field stabilization energy; CFSE）という。表 7-1 に正八面体の結晶場安定化エネルギーを示す。d^2 と d^3 では $2 \times (4\,Dq)$ と $3 \times (4\,Dq)$ になる。

d^4〜d^7 の場合；

d^4 では

　4 個の電子がスピン対を形成し $d\varepsilon$ 軌道に入った場合
$$\text{CFSE};4 \times (4\,Dq)\}$$

　4 個目の電子が $d\gamma$ 軌道に入った場合
$$\text{CFSE};3 \times (4\,Dq) + 1 \times (-6\,Dq)\}$$

の 2 通りの方法がある。どちらになるかは $d\gamma$ と $d\varepsilon$ のエネルギー差 10 Dq の大きさによることになる。10 Dq が大きい（強い場）の時は，スピン対をつくって $d\varepsilon$ 軌道に入った方がエネルギー的に有利になる。10 Dq が小さい（弱い場）ときはスピン対をつくるより $d\gamma$ 軌道に入った方が有利になる。弱い場と強い場の時の電子の配置と結晶場安定化エネルギーを表 7-1 に示す。d^5〜d^7 についも 2 種の配置が考えられる。この配置で，弱い場の錯体は強い場の錯体に比べ不対電子数が大きく，前者を高スピン錯体，後者を低スピン錯体とよぶ。

d^8〜d^{10} の場合；高スピンと低スピンの区別はない（表 7-1）。

表 7-1　正八面体錯体の結晶場安定化エネルギー

	弱い場				強い場			
d 電子数	$d\varepsilon$	$d\gamma$	不対電子数	CFSE [Dq]	$d\varepsilon$	$d\gamma$	不対電子数	CFSE [Dq]
0	0	0	0	0				
1	1	0	1	4				
2	2	0	2	8				
3	3	0	3	12				
4	3	1	4	6	4	0	2	16
5	3	2	5	0	5	0	1	20
6	4	2	4	4	6	0	0	24
7	5	2	3	8	6	1	1	18
8	6	2	2	12				
9	6	3	1	6				
10	6	4	0	0				

＊ CFSE; crystal field stabilization energy.

例題 7-11 四面体型錯体における結晶場を説明せよ。

解 答

四面体型錯体の結晶場の場合，図 7-11 のように四面体を書きこむことにより，d 軌道と 4 個の配位子の位置が明確になる。$d_{x^2-y^2}$ と d_{z^2} は d_{xy}, d_{yz}, d_{zx} よりも配位子から遠く離れている。このように配位子は金属の軌道の d_{xy}, d_{yz}, d_{zx} と強く相互作用するようになり，八面体型錯体の場合とは逆になる。

結晶場の理論は点電荷モデルで結合に共有性をもたないイオンのモデルであるのに対し，配位子と中心金属イオンの間に共有結合性が含まれるとしたのが配位子場理論（ligand field theory）である。配位子と中心の金属イオンの間で電子を共有していることは配位子と金属イオンの結合した軌道に電子が拡がることであり，分子軌道を考えることになる。

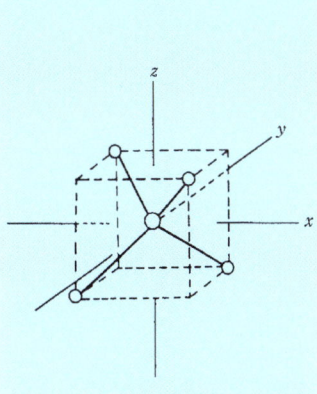

図 7-11 四面体錯体の立体配置

7.5 錯体の性質

例題 7-12 図 7-12 に Ti^{3+} の水溶液の吸収スペクトルを示している。次の各問いに答えよ。
(1) この吸収スペクトルの最大吸収波長は 500 nm である。これらに対応する振動数を求めよ。
(2) この吸収スペクトルについて説明せよ。

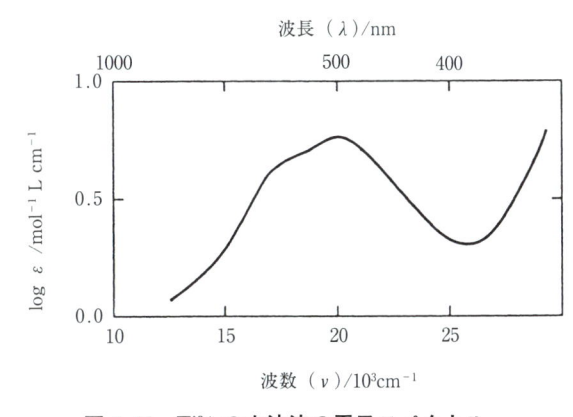

図 7-12 Ti^{3+} の水溶液の電子スペクトル

解 答

(1) $\nu = c/\lambda$ より

$\nu = 3 \times 10^8 / (500 \times 10^{-7}) = 6 \times 10^{14}\ sec^{-1}$

Co（III）錯体の吸収スペクトル

Co（III）錯体の吸収帯は配位子の次の順序で長波長に移動することがわかり，分光化学系列（spectrochemical series）と名づけられた。
$CN^- > NO_2^- > en > NH_3 > ONO^- > OH_2 > NCS^- > SO_4^{2-} > NO_3^- > OH^- > ox^{2-} > CO_3^{2-} > S_2O_3^{2-} > Cl^- > CrO_4^{2-} > Br^-$

この系列はその後は結晶場理論，配位子場理論によると配位子場の強さ（図 7-13）の順であることがわかった。これは配位子分裂エネルギー 10 Dq に関係する。現在は他の配位子が追加されている。

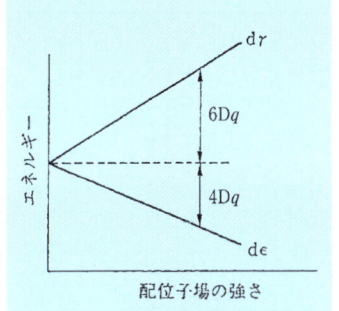

図 7-13 正八面体錯体における配位子場の強さ

(2) Ti^{3+} は d^1 錯体であり，図 7-14 に示すように T$_{2g}$ から E$_g$ への電子遷移が考えられが，2 つに吸収帯が分裂している。これは正八面帯構造が歪んでいるために軌道が分裂しており，最大吸収極大は $^2B_{2g} \to {}^2B_{1g}$ とショルダーは $^2B_{2g} \to {}^2A_{1g}$ に対応していると考えられる。

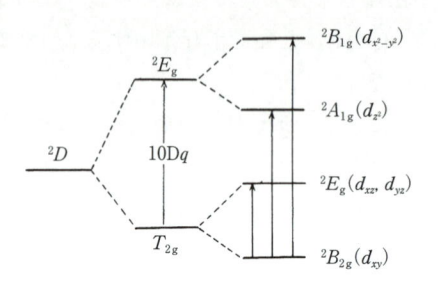

自由イオン　配位子場による分裂　ヤーン・テラー効果による分裂

図 7-14　d^1 錯体の配位子場分裂

7.6　錯体の安定度

> **例題 7-13**　逐次安定度定数と全安定度定数との関係を示せ。

解　答

次の錯体の平衡について考える。

$$M + L = ML \tag{7-1}$$
$$ML + L = ML_2 \tag{7-2}$$
$$ML_{n-1} + L = ML_n \tag{7-3}$$

これらの反応式に対する平衡定数は次のように示される。

$$K_1 = \frac{a_{ML}}{a_M a_L}, \quad K_2 = \frac{a_{ML_2}}{a_{ML} a_L} \tag{7-4}$$

K_1, K_2, K_3……は逐次安定度定数（stepwise stability constant）という。次の反応式に対応する安定度は全安定度定数（over-all stability constant）といい，β で表す。

$$M + nL = ML_n \tag{7-5}$$
$$\beta_n = \frac{a_{ML_n}}{a_M a_L^n} = K_1 K_2 K_3 \cdots\cdots K_n \tag{7-6}$$

活量を求めるのは一般に困難であるのでイオン強度一定という条件下で活量の代わりに濃度を用いる場合がある。上式は次のようになる。

活量とイオン強度の関係

i 種のイオンの活量（a_i）は次で表せる。

$$a_i = \gamma_i C_i$$

ここで，γ_i は i 種イオンの活量係数，C_i は濃度である。

平衡定数などの取り扱いでは熱力学的に有効な濃度である活量を使用する。しかし活量を求めるのが困難なため，イオン強度一定の条件下で濃度を用いることが多い。それは γ_i がイオン強度一定で一定値をとるためである。

i 種のイオン強度（I）は次で表せる。

$$I = (1/2) \Sigma C_i z_i^2$$

ここで，C_i は i 種イオンの濃度，z_i はイオンの価数である。

[ ]は濃度を示す。

$$K_1 = \frac{[ML]}{[M][L]}, \quad K_2 = \frac{[ML_2]}{[ML][L]} \quad \cdots\cdots \quad (7\text{-}7)$$

7.7 キレート効果

> **例題 7-14** 次のキレートの構造を示せ。
> (1) $[Cu(en)_2]^{2+}$　　(2) $[Zn(en)_2]^{2+}$　　(3) $[Co(en)_3]^{3+}$

解答

(1)

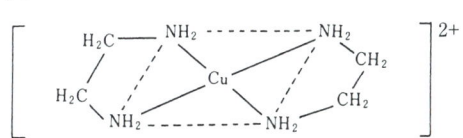

図 7-15　ビス（エチレンジアミン）銅（Ⅱ）

(2)

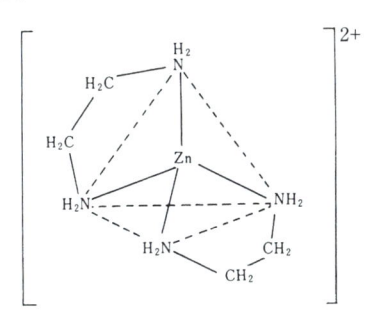

図 7-16　ビス（エチレンジアミン）亜鉛（Ⅱ）

(3)

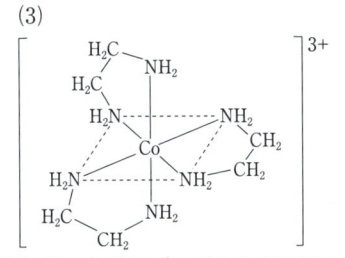

図 7-17　トリス（エチレンジアミン）コバルト（Ⅲ）

第 1 編　基礎理論編

> **例題 7-15**　Ni(Ⅱ) のアンミン錯体とエチレンジアミン錯体の生成時における次の熱力学的変化からキレート効果について説明せよ。
> $[Ni(NH_3)_6]^{2+}$　　$\log \beta_6 = 9.08$
> 　$\Delta H_0 = -100 \text{ kJ mol}^{-1}$　　$\Delta S_0 = -163 \text{ JK}^{-1} \text{ mol}^{-1}$
> $[Ni(en)_3]^{2+}$　　$\log \beta_3 = 18.44$
> 　$\Delta H_0 = -117 \text{ kJ mol}^{-1}$　　$\Delta S_0 = -42 \text{ JK}^{-1} \text{ mol}^{-1}$

解 答

次の反応のキレート効果の熱力学的考察を行う。

$$M^{n+} + L^{m-} \rightleftharpoons ML^{n-m} \tag{7-8}$$

この反応の標準ギブスエネルギーを ΔG_0，標準エンタルピーを ΔH_0 および標準エントロピーを ΔS_0 とすると，上式の安定度定数 (K_{ML}) について次の熱力学的関係式が成立する。

$$-RT \ln K_{ML} = \Delta G^0 = \Delta H^0 - T\Delta S^0 \tag{7-9}$$

上式から K_{ML} は ΔH_0 が負の大きい値で，ΔS_0 が正の大きい値になるほど大きくなることを示している。すなわち発熱反応で，エントロピーの増大する反応が安定度に有利である。これらの反応において NH_3 および en ともに配位原子は N であるので Ni(Ⅱ) との配位結合エネルギーはほぼ等しいと考える。すなわちエンタルピー変化は等しいと考えられる。一方，エントロピー変化では en 系の方が効果が大きい。

解 説

金属イオンは多座配位子と結合してキレート環をつくりキレートを生成する。五員環を持つキレートの例としては，銅 (Ⅱ) および亜鉛 (Ⅱ) のエチレンジアミン錯体などがある。また六員環をもつキレートの例としてはコバルト (Ⅱ) のアセチルアセトン錯体などがある。キレート剤の中で一連のポリアミノポリカルボン酸とよばれるものがある。キレート剤は一般に単座配位子に比べ，キレート環生成により安定な錯体をつくる。これをキレート効果とよぶ。銅 (Ⅱ) のアンミン錯体とエチレンジアミン錯体などのキレートとの安定度について比較する。表 7-2 に安定度定数を示す。

表 7-2 銅（II）錯体の安定度定数

	$\log \beta_1$	$\log \beta_2$	$\log \beta_3$	$\log \beta_4$
NH_3	4.1	7.6	10.5	12.6
en	10.7	20.0		
dien	16.0	21.3		
trien	20.5			

en(ethylenediamine); $H_2NCH_2CH_2NH_2$
dien(diethylenetriamine); $H_2NCH_2CH_2NHCH_2CH_2NH_2$
trien(triethylenetetramine);
$H_2NCH_2CH_2NHCH_2CH_2NHCH_2CH_2NH_2$

配位原子の同数の物で比較すると，アンミン錯体の β_2 よりエチレンジアミン錯体の β_1，アンミン錯体の β_3 よりジエチレントリアミン錯体の β_1，アンミン錯体の β_4 よりトリエチレンテトラミン錯体の β_1 の方が大きいことがわかる。

7.8 有機金属化合物

> **例題 7-16** 次の金属カルボニルの安定性を有効原子番号の規則で説明せよ。
> (1) $Cr(CO)_6$　(2) $Fe(CO)_5$　(3) $Ni(CO)_4$

解 答

表 7-3 に示すように，各金属カルボニルにおいて金属イオンの電子数と配位子からの電子数の総数（有効原子番号）は 36 になり，これは Kr の原子番号と一致している。このことは金属カルボニルが安定であることを示している。

表 7-3 金属カルボニル

	金属イオンの電子数	配位子からの電子数	電子の総数（有効原子番号）
$Cr(CO)_6$	24	2×6	36
$Fe(CO)_5$	26	2×5	36
$Ni(CO)_4$	28	2×4	36

解 説

Sidgwick の有効原子番号の規則（effective atomic number rule, EAN 則）は金属錯体の性質が中心金属の持つ電子数と配位子から金属

へ供与されている電子の和（有効原子番号）によって決定されるという法則である。

> **金属カルボニル**
>
> 金属カルボニルはモンド（1890）によって気体の一酸化炭素と金属粉末との直接反応により合成された。たとえばニッケルカルボニルは室温でCO，1気圧の下で合成された。
>
> $$Ni + 4CO \rightleftharpoons Ni(CO)_4$$
>
> その後，多数のカルボニル化合物が合成された。金属カルボニル中の金属の酸化数は1，0，−1，−2などがあるが0価が普通である。COの極性は小さく，静電的な結合は少なく，σ型の配位結合の他にπ結合の電子移行が金属→配位子（逆供与，backdonation）で起こり，強いπ結合を作っていると考えられている。図にニッケルカルボニルの構造を示す。

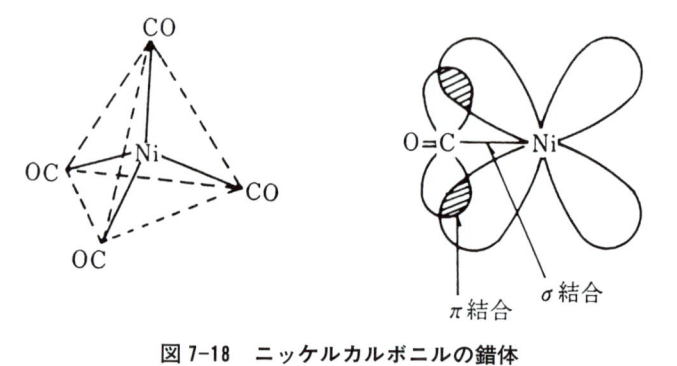

図 7-18　ニッケルカルボニルの錯体

7.9　錯体の反応

> 例題 7-17　八面体錯体における配位子置換反応機構を説明せよ。

基本的機構としてとして解離機構，追い出し機構が知られている。

(1)　**解離機構**

錯体から配位子1個解離し，配位数が減少し，それに新しい配位子が結合する段階が続く反応機構である。単分子で求核的置換なのでS_N1機構（unimolecular nucleophilic substitution）という。

例として次の反応を考える。

$$[MX_5Y] + Z \rightleftharpoons [MX_5Z] + Y \quad (7\text{-}10)$$

YとZの交換時において，Yが解離した中間体の五配位錯体を経て，交換が起こる。このステップは遅い反応（律速段階）となる。5配位中

間体はすぐZと結合する（図7-19）。
反応速度は次のようにあらわせる。

$$\nu = k[X_5Y] \tag{7-11}$$

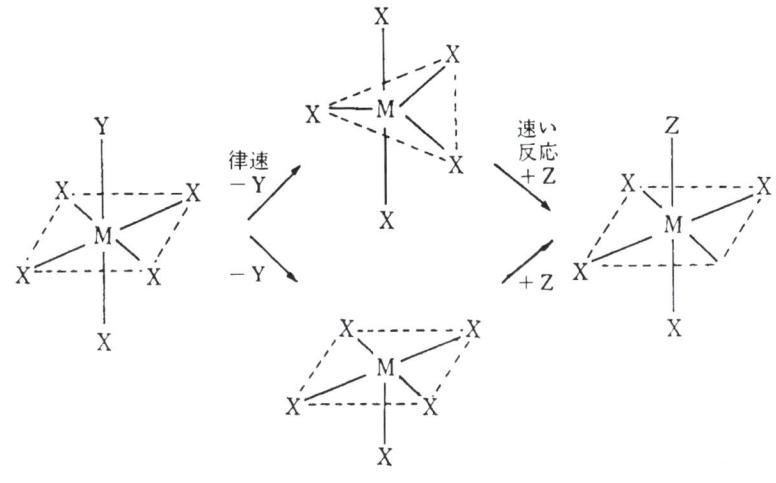

図7-19 置換反応の解離機構

(2) 追い出し機構

この機構は，交換配位子のZが錯体と結合し七配位の中間体をつくり，Yが解離していく。Zが七配位中間体をつくる段階が律速段階となる（図7-20）。

反応速度は最初のステップで決定され，[X₅MY]と[Z]の積に比例する。

$$\nu = k[X_5MY][Z] \tag{7-12}$$

求核二分子反応である置換反応でS_N2機構（bimolecular nucleophilic substitution）という。

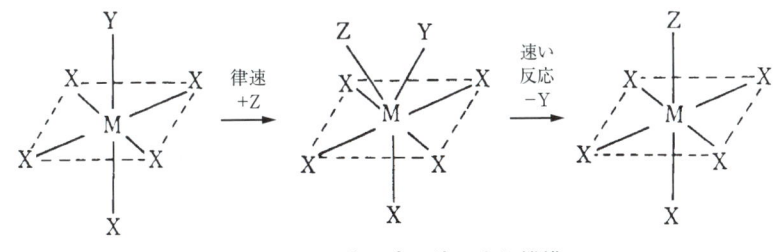

図7-20 置換反応の追い出し機構

> **追い出し機構の例**
>
> アクア錯体が生成する反応（酸加水分解）がコバルト錯体等において研究が行われている。コバルト（III）のテトラアンミン錯体の例について考える。
> $[CoX(NH_3)_5]^{2+} + H_2O \rightleftharpoons$
> $[Co(NH_3)_5H_2O)]^{3+} + X^-$
> この反応は解離機構で進むと考えられ。反応は離脱する配位子の種類に依存し，次の順で早くなる。
> $NCS^- < N_3^- < F^- < H_2PO_4^- <$
> $Cl^- < Br^- < I^- < NO_3^-$

例題 7-18 下のトランス効果の順を利用して［PtCl₄］から
［Pt(NH₃)Cl(NO₂)py］を合成する方法を述べよ。
トランス効果の順

> CN^-, CO, C_2H_4, $NO > CH_3^-$, $SC(NH_2)_2$, PR_3,
> $SP_2 > SO_3H^- > NO_2^- > I^- > SCN^- > Br^- > Cl^- > py >$
> $NH_3 > OH > H_2O$

解 答

トランス効果を利用して，図 7-21 の順番で合成する。

$[PtCl_4]^{2-} \xrightarrow{py} [PtCl_3(py)]^- \xrightarrow{NO_2^-} \cdots \xrightarrow{NH_3} \cdots$

図 7-21 $[Pt(NH_3)Cl(NO_2)py]$ の合成

解 説

平面型の四配位錯体の配位子置換反応について，ある種の配位子がその配位子のトランス位置にある基を活性化し，置換されやすい状態にすることが見いだされた。この効果をトランス効果という。

第 7 章 章末問題

問題 7-1

配位結合とは何か説明せよ。

問題 7-2

次の錯体の化学式を書け。

(1) トリス(フェナントロリン)ニッケル(II)塩化物
(2) テトラ(チオシアナト-N)コバルト(II)酸イオン
(3) ペンタカルボニル鉄
(4) ビス(ペンタカルボニルマンガン)

問題 7-3

次の錯体の日本語名を書け。

(1) $[Cr(en)_3]Br_3$　　(2) $trans$-$[Co(CN)_2(en)_2]^+$
(3) $[CrCl(NH_3)_5]Cl_2$　　(4) $[Co(NH_3)_2(en)_2]Cl_3$
(5) $[Cu(acac)_2]$　　(6) $[Fe(bpy)_3]Cl_3$　　(7) $K_3[Fe(CN)_6]$
(8) $K[Au(OH)_4]$　　(9) $NH_4[Cr(NCS)(NH_3)_2]$
(10) $[Pt(NH_3)_4][PtCl_4]$

問題 7-4

次の錯体はどのような構造か。

(1) $[CuCl_2]^-$　　(2) $[Pt(NH_3)_4]^{2+}$　　(3) $[VO(H_2O)_4]$
(4) $[Fe(CO)_5]$　　(5) $[Ni(en)_3]^{2+}$

問題 7-5
[Co(gly)$_3$] にはどのような異性体が存在しているか。

問題 7-6
Fe^{3+} 錯体で，八面体結晶場の弱い場合と強い場合の磁気モーメント（単位はボーア磁子 μ_B）を求めよ。

問題 7-7
錯体の安定度に影響を及ぼす因子について述べよ。

問題 7-8
エチレンジアミン四酢酸（EDTA）の平衡について解説せよ。

問題 7-9
次の化合物を簡潔に説明せよ。

(1) 金属オレフイン錯体　　(2) フェロセン型錯体

章末問題　解答

問題 7-1

配位結合は電子対供与体と電子対受容体間で次のように錯体が形成される時の結合である。

$$M^{n+} + :L^{n-} = M:L \quad (100\%共有結合性)$$
（電子対受容体）（電子対供与体）

金属錯体は金属と配位子とで配位子からの非共有電子対（unpaired electron）を共有して 100 %共有結合性であるのが理想であるが，金属と配位子の配位原子間の電気陰性度には差があるのでイオン性を考慮する必要がある。

$$M^{n+} + :L^{n-} = M^{n+} - L^{n-} \quad (100\%イオン結合性)$$

このように理論的考察もイオン結合性と共有結合性のとり扱いによって方法が異なる。

問題 7-2

(1) $[Ni(phen)_3]Cl_2$
(2) $[Co(NCS)_4]^{2-}$
(3) $[Fe(CO)_5]$
(4) $(CO)_5\text{-}Mn\text{-}(CO)_5$

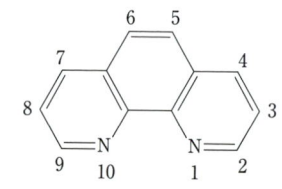

phen；1, 10-フェナントロリン

問題 7-3

(1) トリス(エチレンジアミン)クロム(III)臭化物
(2) トランス-ジシアノビス(エチレンジアミン)コバルト(III)イオン
(3) ペンタアンミンクロロクロム(III)塩化物
(4) ジアンミンビス(エチレンジアミン)コバルト(III)塩化物
(5) ビス(アセチルアセトナト)銅(II)
(6) トリス(2, 2′-ビピリジン)鉄(II)塩化物
(7) ヘキサシアノ鉄(III)酸カリウム
(8) テトラ(ヒドロキソ)金(III)酸カリウム
(9) ジアンミンテトラ(チオシアナト-N)クロム(III)酸アンモニウム
(10) テトラアンミン白金(II)テトラクロロ白金(II)

問題 7-4

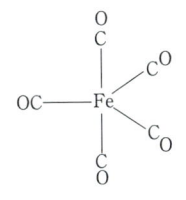

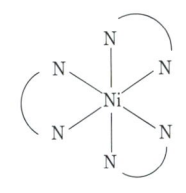

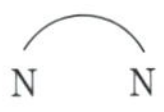

第 7 章　錯体の化学

[Fe(CO)5 構造図]　[Ni(en)3 構造図]　N⌒N : H₂NCH₂CH₂NH₂

問題 7-5

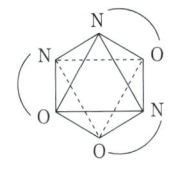

[Δ-mer 構造図]　[Δ-fac 構造図]　N⌒O : H₂NCH₂COOH

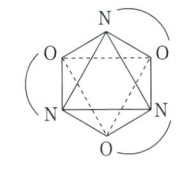

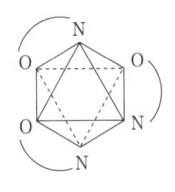

Δ-mer　　　　Δ-fac

[Λ-mer 構造図]　[Λ-fac 構造図]

Λ-mer 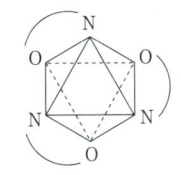　　　　Λ-fac

問題 7-6

弱い場合では不対電子は 5 であるので磁気モーメント（単位はボーア磁子 μ_B）は

$$\mu = \sqrt{n(n+2)} = \sqrt{5(5+2)} = \sqrt{35} = 5.92$$

強い場合では不対電子は 1 で

$$\mu = \sqrt{n(n+2)} = \sqrt{3} = 1.73$$

問題 7-7

錯体の安定度定数は測定条件（温度，イオン強度など），金属の種類，配位子の種類などの因子によって影響をうける。

1) 温度；温度の上昇で安定度は減少する。
2) イオン強度；配位子の種類により傾向が変わる。
3) 金属の種類

　　ある一定の配位子について，たとえば遷移元素の 2 価イオンと任意の配位子との結合による錯体の安定度はイオン半径の変化に対応して次の順で変化する。

　　　Mn＜Fe＜Co＜Ni＜Cu＜Zn　　　（Irving-Williams 系列）

4) 配位子の種類

　　F＜O＜N＞S＞P　（Mn から Zn の二価の金属イオンに対して）

　　P＞S≫N＞O＞F≪Cl＜Br＜I　（Cu^+，Ag^+，Au^{2+}，Pt^{2+}，Pd^{2+} 等のイオンに対して）

問題 7-8

エチレンジアミン四酢酸（EDTA）は分析化学や工業化学などいの広い分野で使用される。EDTAをH_4Yで表すとその平衡は次のようになる。

$H_4Y = H_3Y^- + H^+$

$H_3Y^- = H_2Y^{2-} + H^+$

$H_2Y^{2-} = HY^{3-} + H^+$

$HY^{3-} = Y^{4-} + H^+$

このようにEDTAのイオン種はpHの値によって変化することがわかる。金属イオンとの反応はpH領域によって異なり，一般にアルカリ性側でMY^{n-4}（金属イオンの電荷を$+n$とする）のイオン種の生成が大きくなる。

問題 7-9

(1) 金属オレフィン錯体

この金属錯体は分子軌道法によると，図で示すように金属の空の軌道とエチレン分子の充満したπ軌道の重なりによると考えられる。また金属の充満したd軌道とエチレン分子の空の反結合性分子軌道との重なりによる結合も起きていると考えられる。

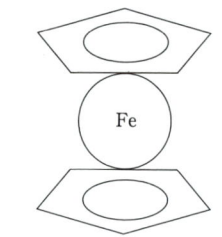

図　ビス（π-シクロペンタジエニル）鉄錯体の構造

(2) フェロセン型錯体

サンドイッチ型であることが見いだされた最初の化合物は図に示されるフェロセンと名づけられたビス（π-シクロペンタジエニル）鉄錯体である。

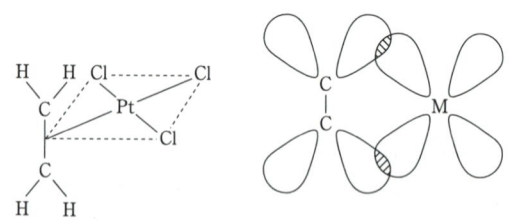

図　金属オレフィン錯体の構造

第 8 章
生物無機化学

生体内での無機物質の重要性が認識され，錯体化学の発展に伴い，生物無機化学（Bioinorganic chemistry）という学問分野が開かれた。ここではこの分野を理解するのに必要な基本的な事項を演習を通して学ぶ。

8.1 生体内の元素

> 例題 8-1　表 8-1 の人体中の元素濃度と微量元素を参考にして，人体の構成元素をグループに分けて解説せよ。

表 8-1　人体中の元素濃度と微量元素

	元素		体内存在量 (%)	体重 70 kg の人の体内存在量	体重 1 g あたりの体内濃度
多量元素	酸素	O*	65.0	45.5 kg	650 mg/g 体重
	炭素	C*	18.0	12.6	180
	水素	H*	10.0	7.0	100
	窒素	N*	3.0	2.1	30
	カルシウム	Ca	1.5	1.05	15
	リン	P*	1.0 (98.5%)	0.70	10
少量元素	イオウ	S*	0.25	175 g	2.5 mg/g 体重
	カリウム	K	0.20	140	2.0
	ナトリウム	Na	0.15	105	1.5
	塩素	Cl*	0.15	105	1.5
	マグネシウム	Mg	0.15 (99.4%)	105	1.5
微量元素	鉄	ⓕⓔ		6	85.7 μg/g 体重
	フッ素	Ⓕ*		3	42.3
	ケイ素	Ⓢⓘ*		2	28.5
	亜鉛	Ⓩⓝ		2	28.5
	ストロンチウム	Ⓢⓡ		320 mg	4.57 μg/g 体重
	ルビジウム	Rb		320	4.57
	鉛	Ⓟⓑ		120	1.71
	マンガン	Ⓜⓝ		100	1.43
	銅	Ⓒⓤ		80	1.14
超微量元素	アルミニウム	Al		60	857 ng/g 体重
	カドミウム	Cd		50	714
	スズ	Ⓢⓝ		20	286
	バリウム	Ba		17	243
	水銀	Hg		13	186
	セレン	Ⓢⓔ		12	171
	ヨウ素	Ⓘ*		11	157
	モリブデン	Ⓜⓞ		10	143
	ニッケル	Ⓝⓘ		10	143
	ホウ素	Ⓑ*		10	143
	クロム	Ⓒⓡ		2	28.5
	ヒ素	Ⓐⓢ		2	28.5
	コバルト	Ⓒⓞ		1.5	21.4
	バナジウム	Ⓥ		1.5	21.4

○：実験哺乳動物で必須性が明らかにされている微量元素
□：人において必須性が認められている微量元素　　＊：非金属元素

(桜井 弘：「金属は人体になぜ必要か」，講談社 (1996))

無機質（ミネラル）(mineral)

身体を構成している元素のうち，炭素，水素，窒素，酸素の以外の元素を一括してよぶ習慣がある。しかし，科学的に定義された用語ではない。日本においては厚生労働省によって 12 成分（亜鉛，カリウム・カルシウム・クロム・セレン・鉄・銅・ナトリウム・マグネシウム・マンガン・ヨウ素・リン）が示されており，食品の栄養表示基準となっている。

解 答

大きく次のようにグループに分けられる。

i） O, C, H, N；有機物，水などの構成元素
ii） Ca, P, S, K, Na, Cl, Mg；電解質，無機質，タンパク質などの構成元素
iii） Fe, Zn, Mn, Cu などの遷移元素
iv） その他微量元素

グループ i）
O, C, H は水と有機物の構成元素であり，N はアミノ酸，タンパク質などの構成元素である。

グループ ii）
Ca は骨格の成分元素であり，生体膜に関与，P は骨格や核酸などの成分元素であり，エネルギー代謝などに関与している。K, Na は電解質の成分元素である。

グループ iii)
遷移元素は量的には微量であるが，重要な元素である。

8.2　生体内における金属イオンの動態

例題 8-2　ヒトにおける銅イオンの代謝は図 8-1 に示すとおりである。銅の挙動について説明せよ。

解 答

　腸管から吸収された銅イオンは，血液中でアルブミンと結合する。一部の銅イオンは，赤血球にも移行する。肝臓に移行した銅アルブミン錯体の銅イオンは，セルロプラスミン（銅貯蔵タンパク質）に取り込まれる。セルロプラスミンは再び血液中に放出され，体内における銅イオンの輸送と貯蔵の働きに関与している。普通ヒト血清中の銅イオン濃度は約 1 μgdm^{-3} である。その 90％はセルロプラスミンと結合し，10％はアルブミンやアミノ酸類と結合し交換可能である。

　交換可能なアルブミンやアミノ酸と結合している銅の平衡は次のように考えられている。

$$Cu(II) + アミノ酸 \rightleftarrows Cu(II)-アミノ酸 \quad (8-1)$$

$$\Updownarrow アルブミン$$

$$Cu(II)-アルブミン + アミノ酸 \rightleftarrows Cu(II)-アミノ酸-アルブミン \quad (8-2)$$

アミノ酸としてはヒスチジン，グルタミン，トレオニンなどが知られている。アルブミンは金属イオンの他コレステロール，脂肪などと結合し，運搬するなど運搬体として重要な働きをする。

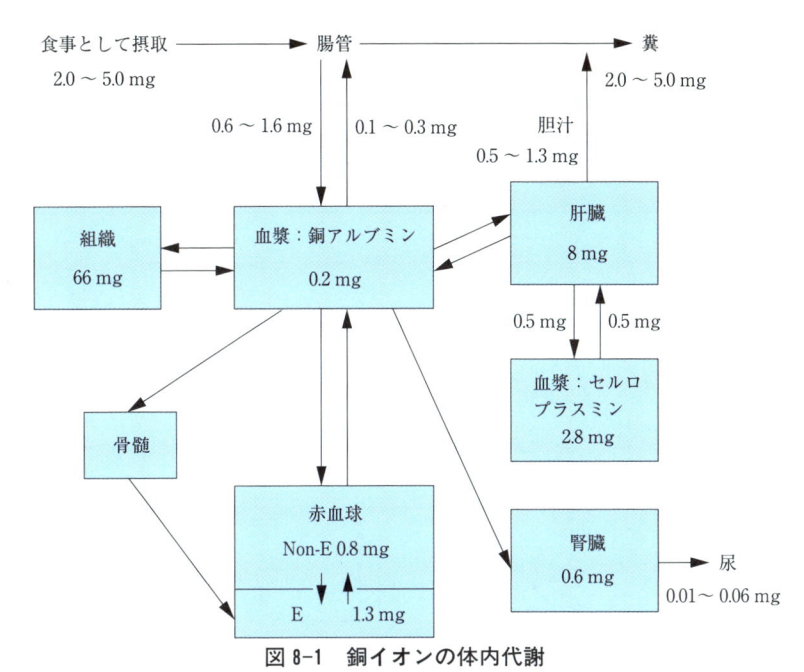

図 8-1　銅イオンの体内代謝
囲みの数字は貯蔵量，それ以外は1日の代謝量を示す。E：エリスロクプレイン，Non-E：非エリスロクプレイン
（和田　功：「金属とヒト―エコトキシコロジーと臨床」，朝倉書店（1985））

解説

〈銅（II）と血清アルブミンとの結合における銅の結合部位のモデル〉
ヒト，ラット，ウシ，イヌおよびニワトリのアルブミンのアミノ酸配列の一部を示す。

ヒト	Asp-Ala-His-Lys-Ser-Glu-Val-Ala-His-Arg-Phe-Lys…
ラット	Glu-Ala-His-Lys-Ser-Glu-Ile-Ala-His-Arg-Phe-Lys…
ウシ	Asp-Thr-His-Lys-Ser-Glu-Ile-Ala-His-Arg-Phe-Lys…
イヌ	Glu-Ala-Tyr-Lys-Ser-Glu-Ile-Asp-Hia-Arg-Tyr-Asn…
ニワトリ	Asp-Ala-Glu-His-Lys-Ser-Glu-Val-Ala-His-Arg-Phe-Lys…

N末端の3個のアミノ酸残基が銅との結合に使用されていると考えられ，特にヒトのCu（II）とアルブミン結合部位モデルとして組成が同じAsp-Ala-Hisや，アルブミンと吸収スペクトルが類似しているGly-Gly-Hisなどのモデルについて多くの研究がなされている。これ

第 1 編　基礎理論編

らのアルブミンでは第 3 番目に His 残基があることが特色であり，イヌのアルブミンでは第 3 番目に Tyr があることから銅の運搬能力が低いことがわかる。ニワトリでは他と異なり第三番目が Glu で，次が His となっている。

> 例題 8-3　ヒトにおける鉄イオンの代謝は図 8-2 に示すとおりである。鉄の挙動について説明せよ。

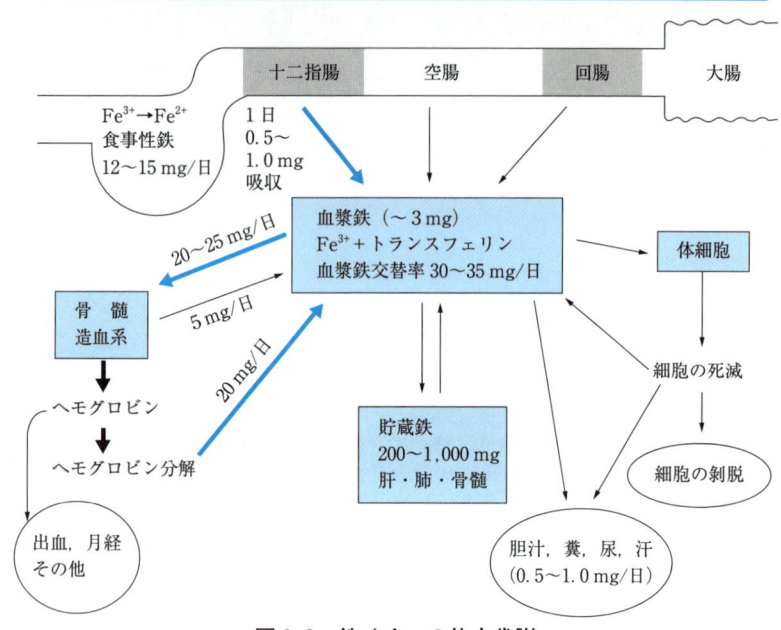

図 8-2　鉄イオンの体内代謝
(和田　功：「金属とヒト－エコトキシコロジーと臨床」　朝倉書店 (1985))

解　答

鉄イオンは消化管から通常還元型 Fe^{2+} として吸収され，血清中のトランスフェリン（鉄イオン結合タンパク質）と結合する。トランスフェリンは，Fe (II, III) と結合する。骨髄に輸送された鉄-トランスフェリンはヘモグロビン合成に利用される。肺や肝臓などに輸送された貯蔵鉄はフェリチンとヘモジデリンとして存在する。

鉄の大部分はタンパク質と結合して，2 g 程度がヘモグロビンに存在している。

> 例題 8-4　図 8-3 に細胞内外のイオンバランス示している。このイオンバランスについて述べよ。

鉄欠乏性貧血

鉄は体内での鉄バランスの指標となる。血清フェリチン量の測定が重要になる。鉄欠乏性貧血はもっとも頻度の高い貧血で，潜在性貧血まで含めると多くの割合で女性に貧血の症状が見られる。鉄欠乏性の情報が知られるようになったのは血清フェリチン量が比較的簡単にことが出来るようになったことによる。鉄欠乏の段階は検査項目により 4 段階に分けられる。血清フェリチン量，トランスフェリン飽和率，ヘモグロビン量などにより判定されている。

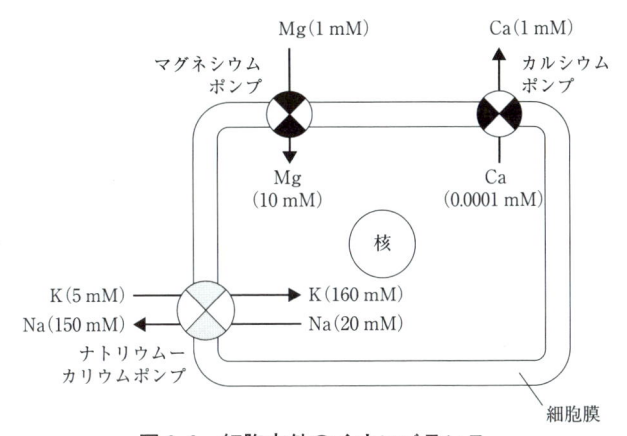

図 8-3　細胞内外のイオンバランス
(桜井　弘:「金属は人体になぜ必要か」,講談社 (1996))

解 答

K^+ と Mg^{2+} は細胞内に多く，Na^+ と Ca^{2+} は血漿中に多い。このような細胞内外での濃度差は Na^+, K^+-ポンプ（イオンポンプ）といわれる能動輸送機構により維持されている。イオンの輸送は拡散による受動的なものと能動的なものがある。受動輸送は濃度の高い部位から低い部位への自然に起きる拡散である。輸送される分子にある種のタンパク質が担体と結合して起こる場合とタンパク質の膜を貫通した親水性のチャンネルを通して起こる場合がある。Na^+, K^+ イオンの出し入れは Na^+-K^+TPase とよばれる酵素の働きがある。細胞膜は脂質やリン脂質からなるため，膜を水溶性のイオンが透過するには特別の機構が働いていると考えられている。

8.3　酸素運搬体と酸素輸送タンパク質

> **例題 8-5**　ヘモグロビン，ミオグロビンおよびヘモシアニンについて次の各問いに答えよ。
> (1) 中心の金属，(2) 金属と酸素分子の比，(3) 金属の配位部位，(4) デオキシ体とオキシ体の色

解 答

表 8-2 のとおりである。

表 8-2 酸素運搬体と酸素輸送タンパク質

	ヘモグロビン	ミオグロビン	ヘモシアニン
金属	Fe	Fe	Cu
金属：酸素分子	1:1	1:1	2:1
金属の配位部位	ポルフィリン	ポルフィリン	タンパク質の側鎖
分子量	65,000	17,000	$10^5 \sim 10^7$
色 デオキシ体	赤紫	赤紫	無色
色 オキシ体	赤	赤	青

> **例題 8-6** ヘモグロビンの一次構造は次のとおりである。ヘモグロビンの二次，三次および四次構造について説明せよ。
>
> ヒトヘモグロビン α 鎖
>
> $_1$Val-Leu-Ser-Pro——$_{59}$His——$_{89}$His——Tyr-$_{143}$Arg
>
> ヒトヘモグロビン β 鎖
>
> $_1$Val-His-Leu-Thr——$_{63}$His——$_{92}$His——Tyr-$_{146}$His

解 答

〈二次構造〉

α-ヘリックスや β-構造などポリペプチドのアミノ酸残基間での水素結合により構成された立体構造。

〈三次構造〉

α-ヘリックスの超らせん化，球状タンパク質の三次構造がある。

〈四次構造〉

三次構造のタンパク質が何個か集まり，1つのタンパク質を作ったもの。

解 説

ヘモグロビンはタンパク質であるグロビンと鉄錯体であるヘムからなる。X線回折より2本の α 鎖と2本の β 鎖計4本のペプチド鎖なり，それぞれに1個のヘムを含んでいる。ヘムは2価の鉄のポルフィリン錯体であり図8-4に示す。ヘムは酸素運搬の重要な役割を示す。ヘムはその鉄の第五配位座にはグロビンの92番目のアミノ酸残基のイミダゾール基の窒素が配位しており，第六配位座には酸素が存在すると $Fe-O_2$ の結合生じる（図8-5）。

図 8-4 ヘモグロビンのヘムの構造

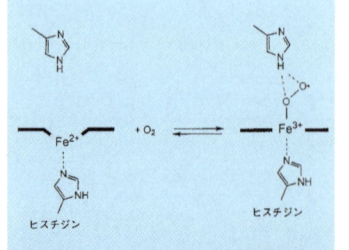

図 8-5 ヘモグロビンの酸素化
(増田秀樹, 福住俊一編著,「生物無機化学」, 三共出版 (2005))

> **例題 8-7** ミオグロビンとヘモグロビンの酸素飽和曲線を図

8-6 に示す。ミオグロビンとヘモグロビンと酸素の平衡について解説せよ。

解 答

ヘモグロビンを Hb で表すと酸素との平衡は次のようになる。

$$Hb_4 \underset{-O_2}{\overset{+O_2}{\rightleftarrows}} Hb_4O_2 \underset{-O_2}{\overset{+O_2}{\rightleftarrows}} Hb_4(O_2)_2 \underset{-O_2}{\overset{+O_2}{\rightleftarrows}} Hb_4(O_2)_3 \underset{-O_2}{\overset{+O_2}{\rightleftarrows}} Hb_4(O_2)_4 \tag{8-3}$$

Fe と O_2 の結合については研究が多くなされておりその構造も明らかになっている。ヘモグロビンの酸素化で，O_2 が結合していないときは Fe はポルフィリン環内になく，ヒスチジン方向にずれている。O_2 が結合すると電子配置が変化し，ポルフィリン環内におさまる。

ミオグロビンと O_2 の反応は

$$Mb \underset{-O_2}{\overset{+O_2}{\rightleftarrows}} MbO_2 \tag{8-4}$$

である。

低い O_2 分圧下では Mb の方が O_2 の取り込みが大きい。Hb の曲線は S 字形でヘム間で相互反応があることを示している。このことは Hb のどれかに O_2 が結合するとそれよりも次の結合が増加することを示している。

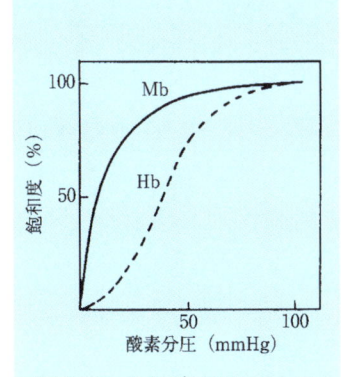

図 8-6 ミオグロビンとヘモグロビンの酸素飽和曲線

> **例題 8-8** 次の人工酸素運搬体モデル（図 8-7 および図 8-8）の酸素の脱着について述べよ。

(1)

図 8-7

(2)

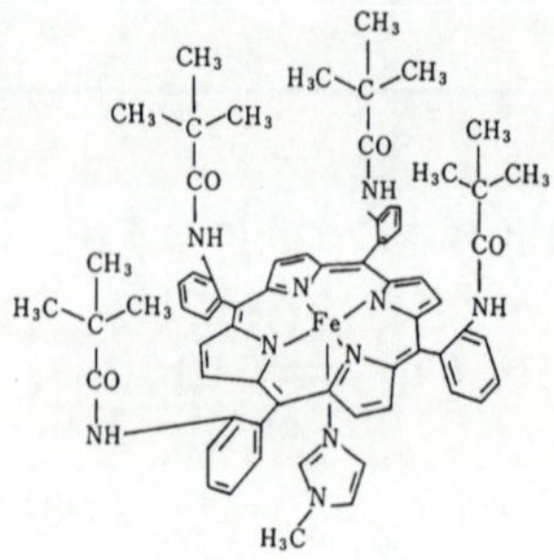

図 8-8

解 答

(1) コバルト錯体：酸素と可逆的に結合する錯体として最初見いだされたのはコバルトのシッフ塩基であるビスサルルアルデヒドエチレンジアミンコバルト（II）錯体，Co（salen）である。

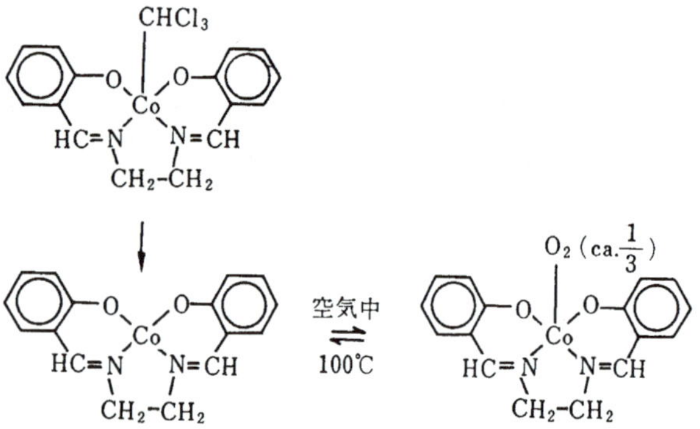

図 8-9　Co（salen）錯体の酸素脱着

図 8-9 で示されるように合成された錯体 [Co(salen)]・$CHCl_3$ は空気中で赤褐色粉末に変化し，さらに酸素を取り込んで黒色になる。この黒色錯体は 100℃ で酸素を放出し赤褐色錯体に戻ることがわかった。

(2) 鉄錯体：鉄（II）ポルフィリン錯体が酸素分子と可逆的に結合することが見いだされている。

$$\text{Fe(Por)(B)}_2 + O_2 \rightleftharpoons \text{Fe(Por)(B)(O}_2\text{)} + B \qquad (8\text{-}5)$$

ここで Por はポルフィリン，B は塩基を示す。この反応で鉄ポルフィリン錯体の自動酸化が起こることにより可逆的な酸素の結合が妨げられていたが，研究の成果，ピケットフェンス（picket-fence）鉄ポルフィリン錯体で自動酸化を防ぐ方法が見いだされた。

8.4　金属を含む薬の例

> **例題 8-9**　金属イオンに対する可動化指数を図 8-10 に示す。金属の排除について説明せよ。

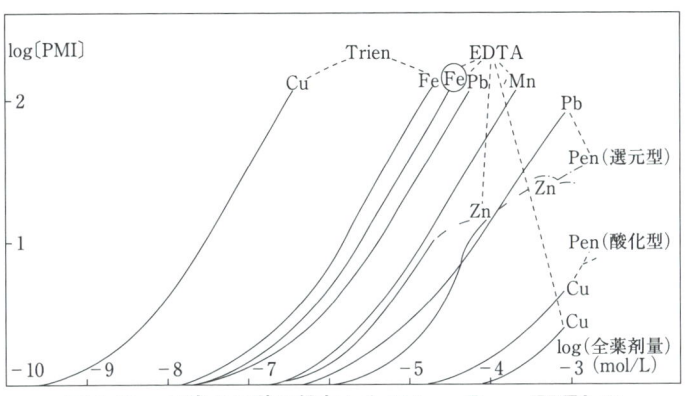

図 8-10　正常な血漿に投与した Trien, Pen, EDTA の金属可動化効果（PMI）

Trien；トリエチレンテトラミン，EDTA；エチレンジアミン四酢酸，Pen；D-ペニシラミン

A. F. Fiabane, D. R. Williams, "Principles of Bioinorganic Chemistry", The Chemical Society (1977)

解 答

銅代謝機構の欠陥により銅が肝臓や脳などに沈着し，急性肝臓病や脳障害をひきおこす病気（Wilson病）が知られている。過剰の銅の排除にキレート剤が使用される。銅の代謝のところで述べたように，銅はセルロプラスミンと強く結合しているので，キレートにより低分子錯体として排除する方法をとる。

キレート剤がある濃度加えられたとき，金属イオンの低分子量成分の増加量は次式で表せる。

$$可動化指数 = \frac{薬剤の存在時における全低分子量化合物}{正常な血漿中の全低分子量化合物}$$

(8-6)

可動化指数（mobilising index: MI と略する）を各薬剤であるキレート剤濃度に対してプロットする。

図 8-10 に示されるようにペニシラミン（Pen）[a] は 10^{-5} mol/L 以上で Cu と結合する。一方，Zn とは Pen（還元型）は 10^{-6} mol/L で可動化し，血漿中の Zn の濃度も変化する。Pb にも同様に作用する。有効であるが，このような薬剤は不快な副作用を起こす。

---

a) Pen（還元型）

$$CH_3-\underset{\underset{SH}{|}}{\overset{\overset{CH_3}{|}}{C}}-\underset{\underset{NH_2}{|}}{\overset{\overset{COOH}{|}}{CH}}$$

b) Trien
$H_2NCH_2CH_2NHCH_2CH_2NHCH_2CH_2NH_2$

c) EDTA

$HOOCH_2C\diagdown \qquad \diagup CH_2COOH$
$\qquad NCH_2CH_2N$
$HOOCH_2C\diagup \qquad \diagdown CH_2COOH$

シスプラチン

シス-ジクロロジアンミン白金（II）（一般名，シスプラチン）（cis-[PtCl$_2$(NH$_3$)$_2$]）が大腸菌の増殖を抑えることが発見され，さらに大腸菌だけでなくガン細胞の増殖を抑えることも発見され，広く抗ガン剤として使われるようになった。シスプラチンは細胞内で水和錯体に変化し，これが制ガン活性種であると考えられている。

トリエチレンテトラミン（Trien）[b]は Cu に対して 10^{-9} mol/L でも可動化し，Pen の代わりに治療に用いられる。

EDTA[c] は広い範囲で金属と反応するが，選択性はあまり見られない。

第 8 章　章末問題

問題 8-1

どのような必須元素でも適量がある。このことはどのように理解したらよいのか。

問題 8-2

生体における水の生理作用について述べよ。

問題 8-3

ヒトの Cu(II) とアルブミン結合部位モデルとして Cu(II) と Asp-Ala-HisNMA の錯体の構造を示せ。

問題 8-4

ミオグロビンの酸素飽和度と酸素分圧の関係式を求めよ。

問題 8-5

血液（血漿）中の二酸化炭素の pH への影響について述べよ。ただし，つぎの数値を参考にせよ。

$$K = \frac{[\text{H}^+][\text{HCO}_3^-]}{[\text{CO}_2]} = 7.90 \times 10^{-7}$$

$[\text{HCO}_3^-] = 23.5 \times 10^{-3}$ mol/L

$[\text{CO}_2] = 1.0 \times 10^{-3}$ mol/L

問題 8-6

金属を医薬品として利用する場合について解説せよ。

章末問題　解答

問題 8-1

　生物の成長と元素の投与量との関係を右図に示す。濃度が低くなると欠乏症となり，成長がみられなくなる。濃度が高くなると，過剰症になり，ついには死に至ることとなる。欠乏症と過剰症とのプラトー領域は最適濃度範囲とよばれる。適量は動物側の条件，微量元素の化学形態が吸収，輸送，代謝，排泄などを通して影響を及ぼす。

問題 8-2

① 溶媒；多くのイオンや高分子の物質まで溶解する。
② 輸送；代謝物質や老廃物の運搬，排出を行う。
③ 電解質の維持；電解質の平衡を保ち，浸透圧を調整する。
④ 体温調整；水は適度の比熱を持ち，体温保持に有効である。
　　体温調整は肺や皮膚からの蒸発による熱放出で行う。
⑤ 組織，器官の形状を整え，適当な膨潤性を保つ。

問題 8-3

[構造式: Cu錯体]

問題 8-4

$$Mb + O_2 \rightleftharpoons MbO_2$$

$$K = \frac{[MbO_2]}{[Mb][O_2]}$$

ミオグロビンの O_2 結合型のモル分率は

$$x = \frac{[MbO_2]}{[Mb]+[MbO_2]} = \frac{K[O_2]}{1+K[O_2]}$$

$$\frac{1}{x} = 1 + \frac{1}{K[O_2]}$$

問題 8-5

　二酸化炭素の気相（大気）－血液相中における平衡は次のようである。

　　気相　　　CO_2

　　血液相　　$CO_2 \rightleftharpoons H_2CO_3 \rightleftharpoons HCO_3^- \rightleftharpoons CO_3^{2-}$

H^+ イオンに関与しているものは次の反応と考えられる。

$$CO_2 + H_2O \rightleftharpoons HCO_3^- + H^+$$

平衡定数を K とすると

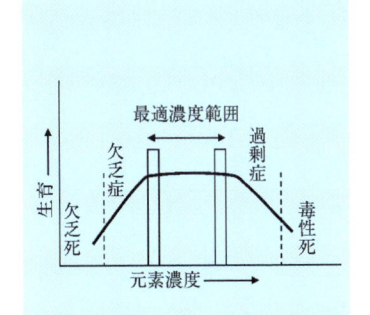

$$K = \frac{[\text{H}^+][\text{HCO}_3^-]}{[\text{CO}_2]} = 7.90 \times 10^{-7}$$

$$\therefore \text{pH} = 6.10 + \log\frac{[\text{HCO}_3^-]}{[\text{CO}_2]}$$

$[\text{HCO}_3^-] = 23.5 \times 10^{-3}\,\text{mol/L}, [\text{CO}_2] = 1.0 \times 10^{-3}\,\text{mol/L}$

$$\text{pH} = 6.10 + \log\frac{23.5}{1.0} = 7.47$$

問題 8-6

金属を薬に使用することはかなり古い時代からおこなわれ，中世では無機化合物の医薬品作成が試みられた。

〈金属イオンとして〉金属イオンは収れん作用（タンパク質凝固），腐食作用を示すことから使用されてきている。

〈金属錯体として〉生物無機化学の進歩により，多くの金属錯体が薬として用いられている。

〈キレート療法〉金属に依存する病気が知られている。過剰に金属が体内に蓄積しているとき，キレートが用いられている。

第2編 元素編

第9章
水素と水素化合物

　水素原子は核外電子を1個しか持たない元素である。この電子を失い1価の陽イオンとなりえるが、この陽イオンは1個の陽子のみで構成されているので、他の元素のイオンに比べて桁外れに小さい。水素はまた、周期表の1,2族および13～17族の元素と水素化合物を作り、その化合物は強塩基性から強酸性の幅広い性質を示す。

9.1 水素原子と水素イオン

> **例題 9-1** 水素原子の特徴を説明せよ。また、水素の同位体についても説明せよ。

解答

　水素原子はすべての元素の中で最も軽くて小さい。また、陽イオンの水素イオン H^+（プロトン）としても、陰イオンの水素化物イオン H^-（ヒドリド）としても存在する。

　水素には、水素（^1H, hydrogen）、重水素（^2H または D, deutrium）および三重水素（^3H または T, tritium）の三種の同位体があり、これらの原子核は陽子が1個に対して中性子がそれぞれ0, 1, 2個から構成されている。したがって、重水素と三重水素の質量はそれぞれ水素の約2倍と3倍と大きく異なるので、単体および化合物の物理化学的性質はかなり異なる。

解説

　水素は周期表では1族に位置するが、17族と似た性質も示す。1族元素のように陽イオン H^+ 作りやすいが LiH などの結合では陰イオン H^- として存在していると考えられる。また単体では17族元素と同様に二原子分子 H_2 として存在する。

> **例題 9-2** 水素の物理的および化学的性質について説明せよ。

> **水素の製法**
>
> 工業的製法；炭化水素の水蒸気改質などの副生成物として大量に生産される（炭化水素ガス分解法）。粗ガスの精製により水素を得る。
>
> $C_mH_n + mH_2O \rightleftharpoons mCO + (m+n/2)H_2$
>
> 高純度の水素は水の電気分解から得られる。
>
> 実験室的製法；金属と酸の反応より得られる（キップの装置）。
>
> $Zn + 2HCl \rightleftharpoons ZnCl_2 + H_2$

解 答

物理的性質：水素はすべての元素の中で最も軽く，通常は二原子分子 H_2 として存在し，無色無臭の気体である。すべての物質の中で最も密度が小さい。

化学的性質：水素は常温ではそれほど激しい反応性はないが，条件により酸素やハロゲン単体と爆発的に反応する。

$$2H_2(g) + O_2(g) \longrightarrow 2H_2O(l) \tag{9-1}$$

$$H_2(g) + Cl_2(g) \longrightarrow 2HCl(g) \tag{9-2}$$

水素分子は安定で，結合の解離エンタルピーはかなり大きい。

$$H_2 \longrightarrow 2H \quad \Delta H = 431\,kJ/mol \tag{9-3}$$

このため，低温での水素の反応性は低いが，大きなエネルギーを与えると解離して反応性の高い原子状水素になる。水素は陽イオン H^+，原子状水素 H の他に電子を 1 個取り込んで陰イオン H^- を生じ種々の水素化物を作る。

> **例題 9-3** 水素イオン H^+ の構造的な特徴と反応性について説明せよ。

解 答

水素原子は 1 個の陽子からなる原子核と 1s 軌道にある 1 個の電子のみから成り立っている。その陽イオンである H^+ は核外電子を持たないため，他のイオンに比べて桁違いに小さい。一般的なイオンの半径が 10^{-10} m 程度なのに対し，H^+ は 10^{-15} m 程度である。このため，電荷密度が極めて高く，相手の原子や分子，イオンから電子対を受け取って共有する性質が強い。したがって，電気陰性度の高い原子とは強く結合して，共有結合性化合物を生成する。

9.2 水素化合物

> **例題 9-4** 水素の結合性を周期表の各族元素との結合により分類し，それぞれの特徴を説明せよ。

解 答

結合を大きく分類すると水素が化合物中で (1) H^+ に分極した化合物，(2) H^- に分極した化合物，および (3) ほとんど分極のない共有結合性の化合物に分けられる。水素より電気陰性度の小さい 1 族（アルカリ金

属）や，Be, Mg を除く 2 族（アルカリ土類金属）との結合では H 原子が負に分極していて，H⁻ イオンを含むイオン結晶と考えられる。一方，電気陰性度の大きい 15〜17 族との結合では H 原子が正に分極している。水素と電気陰性度の値が近い 13 族や 14 族との化合物はほとんど分極のない共有結合とみなせる。

> **例題 9-5** 水素化物イオンの電子配置およびアルカリ金属の水素化物の反応性について説明せよ。

解 答

水素化物イオン H⁻ は水素原子の 1s 軌道に外部から 1 個の電子を受け取り，ヘリウムと同じ電子配置（1s²）をしている。H⁻ はアルカリ金属陽イオンとイオン性化合物である金属水素化物を生じるが，この化合物は不安定で容易に水素を発生して分解する。

$$2\,NaH \longrightarrow H_2 + 2\,Na \tag{9-4}$$

> **例題 9-6** ジボラン B_2H_6 における分子の形と電子配置について説明せよ。

解 答

B_2H_6 の B 原子は sp³ 混成をしていて，4 本の sp³ 軌道のうちの 3 本には価電子が入り水素原子と結合している。残った 1 本の空軌道は，他の B 原子に結合した水素と結合した構造をしている。図 9-3 の白色の円はホウ素原子を，黒い円は水素原子を示している。また，対応した色の小さな円はそれぞれ B 原子と H 原子から供給された結合電子を表している。8 本の B-H 結合に対して結合に関与できる電子は，それぞれの B 原子から 3 個ずつ 6 個，それぞれの H 原子から 1 個ずつ 6 個の計 12 個であり，単結合 2 本分の 4 電子が不足している（図の破線部分）。このため，B-H-B 間の結合は 2 個の電子が 2 本の結合間に広がった 3 中心 2 電子結合をしていると考えられるので，B_2H_6 分子は電子不足化合物とよばれる。

解 説

BH_4^- や AlH_4^- は電子が充足した正四面体型のイオンで，アルカリ金属イオンと結合して $NaBH_4$ や $LiAlH_4$ などの化合物となる。これらの水素化物は還元剤および H⁻ の供給源として重要である。Ga, In, Tl は水素化合物をつくる傾向が小さい。

水素化物（hydride）

水素化物とは H⁻ イオンが他の陽イオンと結合した化合物の総称である。水素化物の性質は周期表の族により異なり，表 9-1 のように分類できる。水素は遷移金属元素とも化合物を作るが，その多くは非化学量論的で複雑な組成比を示すものが多い。

表 9-1 水素化物の分類

族	1	2	13	14
水素化学	M^+H^-	$M^{2+}+H_2^-$	X_nH_m *)	XH_4
	LiH	BeH_2	AlH_3	CH_4
	NaH	MgH_2	Ga_2H_6	SiH_4
	KH	CaH_2	InH_3	GeH_4
	RbH	SrH_2	TlH_3	SnH_4
	CsH	BaH_2		PbH_4
	強塩基性		中性	

族	15	16	17
水素化学	XH_3	H_2X	HX
	NH_3	H_2O	HF
	PH_3	H_2S	HCl
	AsH_3	H_2Se	HBr
	SbH_3	H_2Te	HI
	BiH_3	H_2Po	HAt
	弱塩基性	弱酸性	強酸性

*) X=B; B_nH_{n+4}, B_nH_{n+6} 型がある。

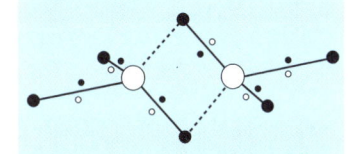

○：ホウ素原子　●：水素原子
∘•：それぞれホウ素原子と水素原子の電子

図 9-1 ジボランの構造と電子配置

第2編 元素編

炭化水素とシラン

炭素は膨大な数の水素化合物を作りこれらを総称して炭化水素（hydrocarbon）とよぶ。直鎖の炭化水素で飽和結合したものをアルカン C_nH_{2n+2}、1組の二重結合を含む炭化水素をアルケン C_nH_{2n}、1組の三重結合を含む炭化水素をアルキン C_nH_{2n-2} という。ケイ素もシラン（silane）と総称される水素化合物 Si_nH_{2n+2} をつくるがその数は限られる。Ge は GeH_4, Ge_2H_6, Ge_3H_8 の3種類が、Sn は SnH_4 が知られているが SnH_4 は不安定である。

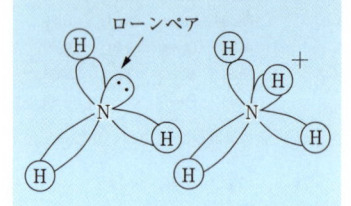

図 9-2 アンモニア アンモニウムイオン

図 9-3 水

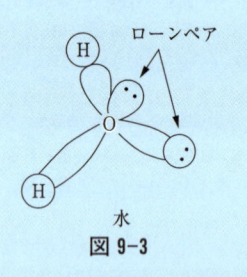

共有結合と配位結合

共有結合は結合に関与する原子内の不対電子を互いに共有することで結合をつくるが、配位結合は一方の原子やイオンの孤立電子対を相手の空軌道に供与することで結合をつくる。どちらも一対の電子対を共有するので、配位結合は共有結合の一種と考えられる（図 9-5）。

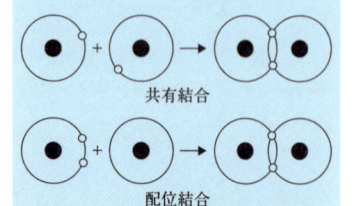

図 9-4 共有結合と配位結合

例題 9-7 C-H 結合と Si-H 結合の性質の違いについて説明せよ。

解答

C の電気陰性度 2.50 は H の電気陰性度 2.2 より大きいが、Si の電気陰性度 1.74 は H より小さい。したがって、Si-H 結合では Si 側が正に分極しているので塩基性溶液では OH^- イオンの攻撃により加水分解されやすい。たとえばモノシラン SiH_4 は塩基性水溶液中では次の加水分解反応により、水和した SiO_2 と H_2 を発生する。

$$SiH_4 + 2H_2O \longrightarrow SiO_2 + 4H_2 \tag{9-5}$$

例題 9-8 アンモニアに関する次の問いに答えよ。
(1) アンモニア NH_3 とアンモニウムイオン NH_4^+ の結合と構造についてを説明せよ。
(2) アンモニア NH_3 分子が金属イオンに配位して錯体をつくる理由を説明せよ。

解答

(1) NH_3 と NH_4^+ の窒素原子 N は sp^3 混成軌道をしていて、4本の軌道に5個の外殻電子が入るので、1本の軌道は孤立電子対（lone pair）をもっている。NH_3 分子では不対電子が入った残り3本の軌道に H 原子が共有結合するので3角錐型の分子構造をしている。NH_4^+ イオンでは NH_3 の孤立電子対を H^+ の 1s 軌道と共有して正四面体型の構造をしている（図 9-2）。
(2) NH_3 の1対の孤立電子対を金属イオンの空軌道と共有することで配位結合ができる。

解説

H_2O の O 原子も sp^3 混成軌道をしていて、O 原子の6個の外殻電子が4本の sp^3 軌道に入るので、2対の孤立電子対を持っている。これらの孤立電子対も金属イオンの空軌道と共有することにより配位結合ができる（図 9-3）。

例題 9-9 17族の水素化合物で HCl や HBr, HI は強酸であるのに HF は弱酸である理由を述べよ。

解 答

F原子は電気陰性度が大きくHF分子は$F^{\delta-}\cdots\cdots H^{\delta+}$のように分極している。このため，結晶中ではF原子が他のHF分子のH原子と水素結合をしている（図9-5）。水溶液中でもこの鎖状構造を一部保持しているためにHF分子は酸解離が起こりにくく，他のハロゲン化水素に比べると酸性度が低くなる。

図9-5 HF結晶の構造

第9章 章末問題

問題 9-1

水素分子のオルト水素とパラ水素について説明せよ。

問題 9-2

次の化合物の水素の酸化数を示せ。

H_2　　NH_3　　H_2O　　CaH_2　　HF

問題 9-3

重水 D_2O の主な用途を説明せよ。

問題 9-4

15族元素の中でNの水素化合物のNH_3は電子対供与性が強いが，AsやSb，Biの水素化合物は電子対供与性が弱い理由を述べよ。

問題 9-5

水は固体状態（氷）のほうが液体状態より比重が軽い理由を説明せよ。

問題 9-6

周期表における元素の水素化合物の特徴について述べよ。

第 2 編　元　素　編

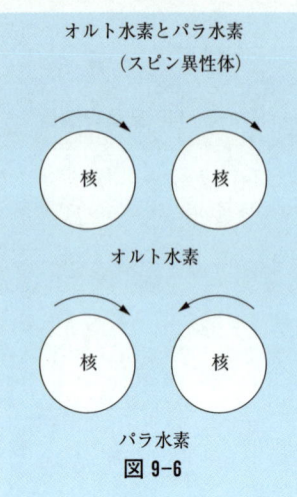

オルト水素とパラ水素
（スピン異性体）

オルト水素

パラ水素

図 9-6

章末問題　解答

問題 9-1
　水素原子は 1/2 の核スピンを持つ。2 個の水素原子が結合して水素分子ができる際に，互いの原子の核スピンを逆平行にして結合するパラ水素と平行にして結合するオルト水素の 2 種類がある（図 9-6）。パラ水素は核スピンの和が 0 なので一重項状態であり，オルト水素は核スピンの和が 1 なので三重項状態である。

問題 9-2
　　0　　+1　　+1　　−1　　−1

問題 9-3
　重水は高速中性子を減速する能力が大きいため，原子炉内での中性子減速材として用いられる。軽水は減速能とともに中性子吸収能が大きいことが問題となるが，重水は軽水に比べて吸収能が小さい。

問題 9-4
　N は sp^3 混成軌道で H と結合していて，非共有電子対を持つ 1 本の sp^3 混成軌道が電子供与性を示すが，As や Sb，Bi はほとんど混成をせずに基の p 軌道が H と結合している。この場合，非共有電子対は s 軌道にあるので，電子供与性が低いと考えられる。

問題 9-5
　固体状態で水分子は全体に渡って水素結合を形成しているために，より嵩高く隙間の多い構造をとっている。液体になるとこの構造は部分的に壊れるために体積が減少してより密度の高い状態になる。

問題 9-6
　1～17 族典型元素の大部分とは共有結合的な結合をする。代表例は C−H 結合である。15～17 族元素との結合では H が正に分極し，特に 17 族との結合は H$^+$−X$^-$ のイオン結合とみなせる。逆に，1～13 族元素との結合では H が負に分極し，1 族および Be，Mg を除く 2 族との水素化合物は H$^-$ イオンを含むイオン結晶と見なせる。

第10章
sブロック元素（1，2族元素）

典型元素の1族および2族元素は最外殻のs軌道にそれぞれ1個と2個の価電子を持つのでsブロック元素という。単体はすべて金属であるが電気陰性度が小さく容易に陽イオンになる。この章では，1族と2族元素の特徴について演習を行う。

10.1 アルカリ金属元素（1族元素）

> **例題 10-1** 表 10-1 を参考にしてアルカリ金属原子の一般的性質について説明せよ。

表 10-1 アルカリ金属元素の性質

元素	電子配置	融点 (K)	沸点 (K)	密度 (kg m^{-3})	原子半径 (pm)	イオン半径 (pm)	第一イオン化エネルギー (kJ/mol)
Li	[He]2s^1	452.3	1,613	534	123	60	520.1
Na	[Ne]3s^1	370.7	1,158	971	157	95	495.4
K	[Ar]4s^1	336.7	1,048	862	203	133	418.4
Rb	[Kr]5s^1	312.2	963	1,532	216	148	402.9
Cs	[Xe]6s^1	301.7	943	1,873	235	169	373.6

解 答

1族元素はアルカリ金属元素とよばれる。これらの元素は最外殻のs軌道に1個の電子を持つが，第一イオン化エネルギーが小さく容易に1価の陽イオンになって貴ガス型の電子配置をとる。電気的陽性が高く，標準電極電位は負に大きいために還元力が強い。金属は電気伝導率が高く，柔らかで，きわめて反応性に富む。また，他のほとんどの元素単体と直接反応する。空気や水とも反応するがその反応性は原子番号とともに増大する。水との反応では金属水酸化物を生成し水素を発生する。

> **例題 10-2** 1族元素について，次の各問いに答えよ。
> (1) 1族の単体は融点が低くて柔らかい軽金属である。その理由をのべよ
> (2) 金属ナトリウムを液体アンモニアやアミンに溶かした希

アルカリの意味

アルカリとは"草木の灰"を意味するアラビア語に由来している。灰の中には炭酸カリウムが多く含まれ，アルカリ金属はカリウムの性質で代表される。

薄溶液が青色を呈する理由を示せ。
(3) 金属ナトリウムを得るには，NaCl 水溶液ではなく NaCl 溶融塩を電解する必要がある。その理由を示せ。

解答

(1) アルカリ金属元素は有効核電荷が小さいために原子半径が大きく，結合を担う価電子が1個しかない。そのために，原子間の結合が弱く，柔らかくて融点が低い。

(2) 金属ナトリウムが溶解すると，金属原子から電子が遊離して溶媒和電子となって青色を呈する。高濃度溶液では金属光沢を持った銅色の溶液となり，高い電気伝導性を示す。

(3) アルカリ金属は電気的陽性が高く $Na^+ + e^- \rightarrow Na$ の還元電位が水分子の還元電位より低いので NaCl 水溶液を用いた電解では，Na^+ イオンの還元の前に水分子の還元が生じるので金属 Na は得られない。このため，溶融した NaCl を直接に電解する必要がある。また，水溶液中の金属 Na は直ちに水と反応して Na^+ イオンになる。

$$2\,Na + 2\,H_2O \longrightarrow 2\,Na^+ + 2\,OH^- + H_2 \qquad (10\text{-}1)$$

例題 10-3　1族のハロゲン化物の性質について次の各問いに答えよ。
(1) 1族ハロゲン化物の一般的性質について説明せよ。
(2) 1族ハロゲン化物の水への溶解度について，一般的な傾向とその理由を述べよ。また，リチウム Li のハロゲン化物は他の1族ハロゲン化物と異なる傾向を示す。どのような違いかをその理由とともに示せ。

解答

(1) 17族のハロゲン元素は電気陰性度が大きく1価の陰イオンになりやすい。このために，1族元素とはイオン結合性の MX 型結晶をつくる（MX は M^+（1族）と X^-（17族）のイオン化合物を表す）。ハロゲン化物の熱的安定性は，リチウムを除き，アルカリ金属原子の原子番号が大きく，ハロゲン原子の原子番号が小さいほど大きい。

(2) 一般に1族ハロゲン化物の水への溶解度は大きく，原子番号が小さいイオンの塩ほど溶解度はより大きくなる。これは原子番号の小さいイオンほど，溶解による水和エネルギーが結晶の格子エネル

ーに比べて大きくなるからである。しかし、この傾向とは逆に LiF は難溶性である。これは Li^+ イオンが非常に小さいために LiF の格子エネルギーが例外的に大きく、このエネルギーを溶解の際の水和エネルギーで十分に補償できないために LiH の溶解度は低い。

> **例題 10-4** カリウム K の酸化物, 過酸化物および超酸化物について, 水との反応の反応式を示せ。また, 酸化物は水溶液中で酸化力を示さないが過酸化物や超酸化物は強い酸化力を示す。その理由をのべよ。

解 答

K の酸化物, 過酸化物および超酸化物と水との反応式を下記に示す。

$$K_2O + H_2O \longrightarrow 2\,K^+ + 2\,OH^- \qquad (10\text{-}2)$$
$$K_2O_2 + 2\,H_2O \longrightarrow 2\,K^+ + H_2O_2 + 2\,OH^- \qquad (10\text{-}3)$$
$$2\,KO_2 + 2\,H_2O \longrightarrow 2\,K^+ + H_2O_2 + O_2 + 2\,OH^- \qquad (10\text{-}4)$$

反応式で示されるように、酸化物は水と反応すると OH^- のみを生じるので酸化力を示さない。過酸化物や超酸化物は OH^- とともに酸化力の強い過酸化水素 H_2O_2 を生成するので強い酸化力を示す。

表 10-2 アルカリ金属イオンの水和イオンの性質

	Li^+	Na^+	K^+	Rb^+	Cs^+
水和半径/pm	340	276	232	228	228
およその水和数	25.3	16.6	10.5	—	9.9
水和エネルギー kJ/mol	520.7	406.0	322.3	301.0	255.8

解 説

酸化物 (oxide), 過酸化物 (peroxide) および超酸化物 (superoxide) はそれぞれ O^{2-} イオン, O_2^{2-} イオンおよび O_2^- イオンを含む化合物である。リチウムは酸化物 Li_2O のみを生じるがナトリウムは酸化物 Na_2O と過酸化物 Na_2O_2 を生じる。カリウムから下のアルカリ金属は KO_2 などの超酸化物も生成する。O_2^{2-} イオンや O_2^- イオンは水溶液中で過酸化水素イオン HO_2^- を生じて強い酸化力を示す。また、これらの溶液は塩基性を示す。

水和半径

1 族陽イオンのイオン半径は原子番号の大きいイオンほど大きくなるが、水溶液中での水和半径は逆に小さくなる。これは、イオン半径の小さいイオンほど静電的に強く水分子を水和するので水和数が大きくなるために水和半径が大きくなるためである(表 10-1 と表 10-2 を参照)。

10.2 アルカリ土類金属元素（2族元素）

> **例題 10-5** 表 10-3 を参考にして 2 族元素の一般的性質を述べよ。

表 10-3　2族元素の性質

元素	電子配置	融点 (K)	沸点 (K)	密度 (kg m^{-3})	原子半径 (pm)	イオン半径 (pm)	第一イオン化エネルギー (kJ/mol)	第二イオン化エネルギー (kJ/mol)
Be	[He]2s^2	1,553	1,773	1,850	89	31	899	1,757
Mg	[Ne]3s^2	923	1,373	1,740	136	65	738	1,450
Ca	[Ar]4s^2	1,123	1,763	1,550	174	94	590	1,450
Sr	[Kr]5s^2	1,033	1,653	2,600	191	110	549	1,064
Ba	[Xe]6s^2	983	1,913	3,500	198	129	503	965

解 答

2 族元素はアルカリ土類金属元素とよばれる。これらの原子は最外殻の s 軌道に 2 個の電子を持つが，電気的陽性であり 2 価の陽イオンとしてイオン結合性の化合物をつくる。ただしベリリウム Be の化合物は共有結合性である。Be 以外の単体は空気中で速やかに酸化される。また，常温の水とは徐々に，熱水とは激しく反応する。Be や Mg は表面に生成した酸化膜が酸化反応の内部への進行を阻止する。

> **例題 10-6** 2 族元素の単体は 1 族元素の単体に比べてどのような特徴があるか。また，その理由を説明せよ。

解 答

1 族元素は金属結合に使われる自由電子が 1 個なのに対し 2 族元素は自由電子を 2 個持っているので原子間の結合力が強い。このために 2 族元素単体の金属は 1 族元素単体の金属より硬く，沸点と融点も高い。

> **例題 10-7** 2 族元素の酸化物について，次の各問いに答えよ。
> (1) 2 族酸化物の特徴について述べよ。
> (2) ベリリウムの酸化物 BeO の酸性水溶液および塩基性水溶液での反応を，反応式を示して説明せよ。
> (3) 酸化カルシウム CaO は二酸化炭素の吸着剤として用い

アルカリ土類金属

2 族元素である Be, Mg, Ca, Sr, Ba, Ra は総称してアルカリ土類金属とよばれる。

その内, Ra は放射性元素である。アルカリ土類金属はアルカリ金属と同じく炎色反応を示す。アルカリ土類金属の"土"は水に溶けにくい金属酸化物に由来する。

られるが，その理由を示せ。

解 答

(1) 2族酸化物の中で BeO は共有結合性が強く水には溶けないが，両性酸化物なので酸性溶液や塩基性溶液には溶解する。塩基性溶液に溶解すると，オキソ酸イオン BeO^- となるが徐々に水酸化物 $Be(OH)_2$ として沈殿する。MgO は水と反応して難溶性の水酸化物となるが，他の酸化物は水と発熱的に反応して水酸化物となる。また，BeO はウルツ鉱型構造であるが他の酸化物は塩化ナトリウム型である。

(2) BeO は酸性水溶液や塩基性水溶液中では次の式に示す反応により溶解する。

$$BeO + 2H^+ \rightleftharpoons Be^{2+} + H_2O \tag{10-5}$$
$$BeO + 2OH^- \rightleftharpoons BeO_2^- + H_2O \tag{10-6}$$

ただし，BeO_2^- は徐々に水酸化物 $Be(OH)_2$ となって沈殿する。一方，強塩基性溶液中では4配位の水酸化物イオンとなる。

$$BeO + 2OH^- + H_2O \rightleftharpoons [Be(OH)_4]^{2-} \tag{10-7}$$

(3) CaO は次の反応式に示すように二酸化炭素 CO_2 と反応して炭酸塩 $CaCO_3$ を生じるので，CO_2 の吸着剤として利用される。

$$CaO + CO_2 \rightleftharpoons CaCO_3 \tag{10-8}$$

なお，この反応は可逆反応であり，$CaCO_3$ を過熱すると逆反応が優勢になり CaO が再生される。

> **例題 10-8** 石灰水（水酸化カルシウム $Ca(OH)_2$ の飽和水溶液）に二酸化炭素を通じると白色沈殿が生じるが，さらに二酸化炭素を通じると沈殿は溶解する。この反応を説明せよ。

解 答

石灰水に二酸化炭素を通じると次の反応により炭酸カルシウム $CaCO_3$ が沈殿する。

$$Ca(OH)_2 + CO_2 \rightleftharpoons CaCO_3 + H_2O \tag{10-9}$$

この溶液にさらに二酸化炭素を通じると，炭酸カルシウムは炭酸水素カルシウム $Ca(HCO_3)_2$ となって再び溶解し溶液は透明になる。

$$CaCO_3 + H_2O + CO_2 \rightleftharpoons Ca(HCO_3)_2 \tag{10-10}$$

金属の毒性

一般に鉛，カドミウム，水銀のような重金属は毒性が強いとされる。これは体内の硫黄を組成とするタンパク質と結合しやすいからとされる。アルカリ土類金属元素では Be は毒性が高く慢性肺疾患を引き起こしたり，放射性元素の ^{90}Sr は健康に対する影響が大きいことなどが知られている。

第 10 章　章末問題

問題 10-1

1族元素の水素化物で水素化物イオン H^- の存在はどのようにして確認できるかを示せ。

問題 10-2

1族元素単体の水との反応性が原子番号とともに増大する理由を説明せよ。

問題 10-3

1族元素の1価陽イオンの陽イオン交換樹脂への吸着性は原子番号が大きいほど大きい。この理由を説明せよ。

問題 10-4

1族元素の化学的反応性は Li から Cs まで原子番号とともに増加するのはなぜかを説明せよ。

問題 10-5

LiH は NaH より安定である。その理由を述べよ。

問題 10-6

2族のおもな鉱物名と組成式を示せ。

問題 10-7

金属マグネシウムは電気的陽性が高いにもかかわらず水に溶けないのはなぜか？

第 10 章　s ブロック元素（1, 2 族元素）

章末問題　解答

問題 10-1
1 族水素化物の融解塩を電気分解すると陽極側で水素を発生し陰極側でアルカリ金属単体が析出するので，たとえば NaH では次の反応が生じていることが確認できる。

$$2\,H^- \rightleftharpoons H_2 + 2\,e^- \quad (陽極側)$$
$$Na^+ + e^- \rightleftharpoons Na \quad (陰極側)$$

問題 10-2
原子半径の増加とともに最外殻電子に対する核引力が弱くなるので，次の反応で水を還元して水素を発生させる能力が強くなるため。

$$2\,M + 2\,H_2O \rightleftharpoons 2\,MOH + H_2$$

問題 10-3
1 族の 1 価陽イオンは原子番号が小さいほどイオン半径が小さいので水和水の数が多くなり水和半径が大きくなる。逆に原子番号が大きくなるほど水和数が少なくなるので，水和半径は小さくなり陽イオン交換樹脂のサイトとの相互作用が大きくなるために吸着性が増加する。

問題 10-4
電子番号の増加とともに原子半径がするので，最外殻電子のイオン化エネルギーが低くなるため。

問題 10-5
Li はイオン半径が小さいために第一イオン化エネルギーが大きく，LiH は共有結合性を示すので，イオン結合性の NaH より反応性が低い。

問題 10-6
- Be　ベリル（beryl）$Be_3Al_2(SiO_3)_6$
- Mg　カーナリット（carnalite）$KCl \cdot MgCl_2 \cdot 6\,H_2O$
- Ca　石灰石（limestone）$CaCO_3$
  　　ドロマイト（dolomite）$CaCO_3 \cdot MgCO_3$
- Sr　ストロンチアン石（strontianite）$SrSO_4$
- Ba　重晶石（baryte）$BaSO_4$

問題 10-7
表面に酸化物の保護膜を作るために，それ以上の反応が進行するのを防御するから。

第11章
pブロック元素（13～18族元素）

周期表の 13 族から 18 族に位置する元素は最外殻に s 電子 2 個といくつかの p 電子をもつ電子配置（$ns^2np^x (1 \leq x \leq 5)$）をとる典型元素で、p ブロック元素とよばれている。このうち 9 元素（Al, Ga, In, Tl, Sn, Pb, Sb, Bi, Po）は金属である。

11.1　希ガス（18族元素）

18 族元素はヘリウム He, ネオン Ne, アルゴン Ar, クリプトン Kr, キセノン Xe, ラドン Rn で、存在量が少ない気体で希ガス（または貴ガス）とよばれている。反応性がとぼしいが、若干の化合物が知られている。

> **例題 11-1**　希ガス元素が単原子分子として存在する理由を述べよ。

解 答

希ガス元素は最外殻のs軌道もしくはp軌道すべてに電子が入った閉殻構造をしており、原子半径が大きく、イオン化エネルギーが高く電子親和力がゼロのきわめて安定な構造をしている。他の原子との結合力がきわめて弱く、単原子分子として存在する。

解 説

希ガス元素では分子間にはたらく力は、ファンデルワールス力のみであるため、単体の沸点は非常に低い。表 11-1 に示すように He の沸点は物質の中で、最も低い温度であることが知られている。

スズの同素変態

スズは常温、常圧で正方晶形の結晶構造をとり、β-スズ（β-Sn、白色スズ）と言われる金属である。低温で α-スズ（α-Sn、灰色スズ）となりバンドギャップが約 0.1 eV の半導体となる。このような温度に伴う構造変化を同素変態という。

表 11-1　希ガス元素の性質

元素	電子配置	融点 (K)	沸点 (K)	原子半径 (pm)	第一イオン化エネルギー (kJ/mol)
He	$1s^2$	0.95	4.25	120	2,369
Ne	$[He]2s^22p^6$	24.45	27.05	160	2,078
Ar	$[Ne]3s^23p^6$	83.95	87.25	191	1,519
Kr	$[Ar]3d^{10}4s^24p^6$	116.55	119.75	200	1,349
Xe	$[Kr]4d^{10}5s^25p^6$	161.25	165.05	220	1,169
Rn	$[Xe]5d^{10}6s^26p^6$	202.15	211.25	—	1,036

> **希ガス化合物の例**
>
> 包接化合物；Ar と水の包接化合物では $Ar\cdot6H_2O$ で表され，水分子の結晶の隙間に Ar が入り込む。これら，ホストとゲストは主にファンデルワールス力により相互作用している。
>
> 共有結合性化合物；Xe は d 軌道を混成したと考えられる電子配置によって，2，4，6，8 価となり F，O と結合しフッ化物，酸化物となる。Kr は F と反応して KrF_2 となる。

11.2　ハロゲン（17 族元素）

17 族元素はフッ素 F，塩素 Cl，臭素 Br，ヨウ素 I，アスタチン At で，ハロゲン元素とよばれる。アスタチンは半減期の短い放射性元素である。

> **例題 11-2**　表 11-2 のハロゲン元素の電子配置，価電子の数および分子軌道に基づいて次の各問いに答えよ。
> (1)　ハロゲン分子の結合様式，結合エネルギーを説明せよ。
> (2)　ハロゲン分子の中で F_2 は異常に反応性が高く，ほとんどの元素と常温で反応する。その理由を述べよ。
> (3)　ハロゲン分子はすべて酸化剤となるが，その理由を述べよ。また，その酸化力の大きい順に並べ，その理由を述べよ。

表 11-2　ハロゲン元素の性質

元素	電子配置	共有結合半径 (pm)	−1価のイオン半径 (pm)	融点 (K)	沸点 (K)	電子親和力 (kJ/mol)	ポーリングの電気陰性度
F	$[He]2s^22p^5$	72	119	53.5	85.0	−333	4.0
Cl	$[Ne]3s^23p^5$	99	167	172.1	238.5	−348	3.0
Br	$[Ar]3d^{10}4s^24p^5$	114	182	265.9	331.9	−324	2.8
I	$[Kr]4d^{10}5s^25p^5$	133	206	386.6	457.5	−295	2.5
At	$[Xe]4f^{14}5d^{10}6s^26p^5$	145	—	—	—	—	2.2

解答
(1)　ハロゲン元素 1 個につき 7 個の価電子が存在し，二原子分子を形成する時，反結合性軌道が 1 つ空になるため一重結合で結ばれる。原子が大きくなるにつれて，軌道の重なりが小さくなるため，結合エネルギーは小さくなる。
(2)　F_2 は非結合性電子の反発によって結合エネルギーが異常に低い。

フッ素の電気陰性度

原子核と電子の引き合う力は次式で表せる。

$$E = K_0 \frac{q}{r^2}$$

ここで，E は電子をひきつける強さ，K_0 は定数，r は最外殻電子と原子核との距離，q は原子核の電荷である。

周期表において同族では r が小さいほど電子を引きつける力が強くなる。また，同周期では右に行くほど原子核の電荷が大きくなるので強くなる。よって r が小さく，原子核の電荷の大きいフッ素が電子を引きつける力が最も大きい，つまり電気陰性度が最も大きい。

$HClO_3$，$HClO_4$ の酸化作用

酸化数の高い塩素イオンが電子を強く引きつけて，より低い酸化数になる傾向が強いため強力な酸化剤として働く。

塩素のオキソ酸の不均化反応

次亜塩素酸イオンは塩基性溶液中で塩素酸イオンを生じる。

$$3\,ClO^- \rightleftharpoons 2\,Cl^- + ClO_3^-$$

塩素酸イオンも不均化反応が遅いながらも起こる。

$$4\,ClO_3^- \rightleftharpoons Cl^- + 3\,ClO_4^-$$

そのため，他のハロゲンに比べて高い反応性を持つ。

(3) ハロゲンは電気陰性度が高く，一価のマイナスイオンになる傾向が高いため，酸化剤となる。酸化力は $F_2 > Cl_2 > Br_2 > I_2$ の順に弱くなる。これは，原子番号が小さい元素ほど内殻電子による遮蔽効果が少なくなり，核の陽電子による電子吸引力が大きくなり，電子を引きつけて陰イオンになろうとする傾向が強くなるためである。

> **例題 11-3** 次の塩素のオキソ酸の名称，塩素の酸化数，酸化力，安定性について答えよ。
> (1) $HClO_4$　(2) $HClO_3$　(3) $HClO_2$　(4) $HClO$

解答

解答は表 11-3 に示す。

表 11-3　塩素のオキソ酸の名称，塩素の酸化数，酸化力，安定性

酸	名称	塩素の酸化数	酸の強度	安定性
$HClO_4$	過塩素酸	+7	非常に強い	より安定
$HClO_3$	塩素酸	+5	強い	↓
$HClO_2$	亜塩素酸	+3	中程度	
$HClO$	次亜塩素酸	+1	弱い	

11.3　16族元素

酸素 O，硫黄 S，セレン Se，テルル Te，ポロニウム Po の元素が 16 属元素に属し，ポロニウム（放射性元素）以外は非金属元素である。表 11-4 に 16 族元素の性質を示す。

表 11-4　16 族元素の性質

元素	電子配置	融点(K)	沸点(K)	X^{2-}のイオン半径(pm)	共有結合半径(pm)
O	$[He]2s^2 2p^4$	55	90	126	74
S	$[Ne]3s^2 3p^4$	392	718	170	104
Se	$[Ar]3d^{10}4s^2 4p^4$	490	958	184	114
Te	$[Kr]4d^{10}5s^2 5p^4$	723	1263	207	137
Po	$[Xe]5d^{10}6s^2 6p^4$	527	1235	—	146

> **例題 11-4** 酸素元素に関する次の各問いに答えよ。
> (1) オゾン O_3 と過酸化水素 H_2O_2 の一般的性質を述べよ。
> (2) 塩基性酸化物，酸性酸化物，両性酸化物の一般的性質を述べよ。

解 答

(1) O_3 は青色の物質で反磁性をもち，他の多くの物質と反応する強力な酸化物であるとともに紫外線を吸収する性質がある。分子は対照的で∠O-O-O は 117°で曲がっており，O-O 間は二重結合で示した電子対が結合全体に非局在化している（共鳴）。

過酸化水素は無色の液体で，水素結合によって水よりも高度に会合しているため，密度が高い。酸化剤として広く用いられている。分子の形はねじれた鎖状構造をしている（図 11-1）。

(2)

① 塩基性酸化物；金属酸化物でイオン性化合物であり，O^{2-} イオンが水と反応して OH^- となるため，水様液は塩基性となる。
  例 CaO, Na_2O, CuO など

② 酸性酸化物；主に非金属性元素の酸化物で，共有結合性化合物である。水に溶けると，オキソ酸を生成して酸性を呈する。
  例 SO_3, P_4O_6, SnO_2 など

③ 両性酸化物；強い塩基には酸性を示し，強い酸には塩基としてはたらく。
  例 ZnO, PbO など

11.4 15族元素

15族の元素は最外殻電子構造が s^2p^3 であり，3価と5価の酸化状態になりやすい。N と P は非金属であるが，As, Sb, Bi と原子番号が増えるにつれて金属性が増す。P, As, Sb, Bi では，エネルギー的に低位のd軌道もいれた sp^3d, sp^3d^2 混成軌道ができることがあり，3～6の配位数をとりうる。15族元素の性質を表 11-5 を示す。

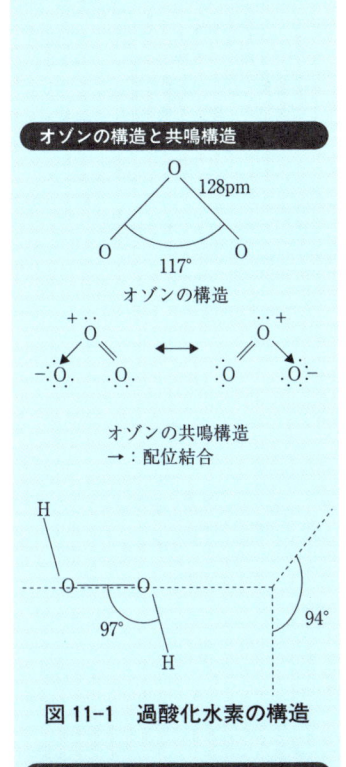

オゾンの構造と共鳴構造

オゾンの構造
128 pm
117°

オゾンの共鳴構造
→：配位結合

図 11-1 過酸化水素の構造
97°
94°

$SOCl_2$ のルイスの酸・塩基性

$SOCl_2$ のSは sp^3 混成軌道をとり，三方錐型となって非共有電子対が1つ存在する。そのためルイス塩基としてはたらくことができる。また，空いている3d軌道への配位も可能であるため，ルイスの酸としても働く。

第2編　元素編

ハーバー法によるアンモニアの合成

触媒の存在下で400〜500℃, 10^2〜10^3 atmで水素と反応させる。

$$N_2 + 3H_2 \longrightarrow 2NH_3$$

アンモニアをPt, Pt-Rd触媒の存在下で750〜900℃で酸素と反応させると, $4NH_3 + 5O_2 \longrightarrow 4NO + 6H_2O$ の反応でNOを生ずる。このNOは過剰のO_2と反応してNO_2となり, これを水に吸収させると硝酸になる。

表11-5　15族元素の性質

元素	電子配置	融点 (K)	沸点 (K)	共有結合半径 (pm)	第一イオン化エネルギー (kJ/mol)
N	[He]$2s^2 2p^3$	63	77	74	1,403
P	[Ne]$3s^2 3p^3$	317*	553*	110	1,012
As	[Ar]$3d^{10} 4s^2 4p^3$	1,087	883	121	948
Sb	[Kr]$4d^{10} 5s^2 5p^3$	903	1653	141	834
Bi	[Xe]$4f^{14} 5d^{10} 6s^2 6p^3$	544	1723	152	703

*白リン

例題 11-5　窒素元素に関する次の各問いに答えよ。
(1) 窒素分子N_2が液体と固体になる時の凝集力は何か。
(2) N_2の反応活性について説明せよ。
(3) 窒素がその他の15族元素とは異なり二原子分子をつくる理由を説明せよ。

解 答

(1) 働く凝集力はファンデルワールス力である。

(2) N_2は室温において反応不活性であるが, 高温では多くの元素と反応して窒素化合物をつくる。遷移元素をN_2中で加熱すると窒化物が得られ, 金属の結晶格子の隙間にNが侵入した侵入型化合物で, 硬く, 融点が高く導電性が高い。

(3) 窒素は2p軌道でσ結合をつくるが, 2p軌道によってπ結合を生成する傾向があり, 結合次数3の三重結合をつくる。一方でその他の15族元素で同じような傾向は見られない。

例題 11-6　リン元素に関する次の各問いに答えよ
(1) 五酸化リンの構造と性質について書け。
(2) リンの代表的オキソ酸について書け。

解 答

(1) 分子式はP_4O_{10}で, 四面体構造でP原子が四面体の各頂点に存在し, 各稜に酸素が6個配置し橋かけをしている。残りの4つのO原子は3回軸の延長線にのっている。100℃以下では最も効力のある乾燥剤であり, 水と結合してオルトリン酸になる。

$$P_4O_{10} + 6H_2O \rightleftharpoons 4H_3PO_4 \qquad (11\text{-}1)$$

濃硝酸と次の反応が起きる。

$$P_4O_{10} + 4HNO_3 + 4H_2O \rightleftharpoons 2N_2O_5 + 4H_3PO_4 \tag{11-2}$$

(2) リン酸の構造は図 11-2 のとおり。リンは +5 価をもつ。加熱すると脱水縮合をしてピロリン酸，メタリン酸を生成する。反応式は以下の通り。

$$2H_3PO_4 \rightleftharpoons H_4P_2O_7 + H_2O \tag{11-3}$$

$$H_4P_2O_7 \rightleftharpoons 2HPO_3 + H_2O \tag{11-4}$$

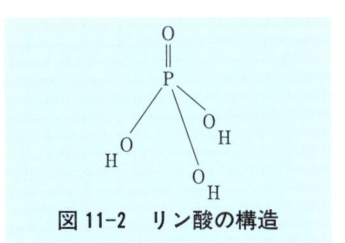

図 11-2 リン酸の構造

リンの同素体

リンには 3 種の同素体が存在する。白リンはリン鉱石にコークスやケイ砂を加えて 1,500 ℃で加熱，還元して得られる。構造は図のように正四面体である。空気中で燃焼するため水中に保存する。

赤リンは白リンを密閉容器の中で 250 ℃に加熱すると得られる。白リンを約 12,500 kg/cm² で加圧しながら 200 ℃に加熱すると黒リンが得られる。

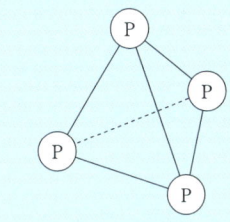

白リンの構造

11.5　14 族元素

最外殻電子配置は ns^2np^2 であり，2 価，4 価をとりうる。C，Si は非金属であるが，周期表の下にいくにつれて金属性が増し，イオン結合性も増大する。C には黒鉛，ダイヤモンド，フラレン等の同素体が存在する。14 族元素の性質を表 11-6 に示す。

表 11-6　14 族元素の性質

元素	電子配置	共有結合半径 (pm)	融点 (K)	第一イオン化エネルギー (kJ/mol)	酸化物の酸性度	
C	$[He]2s^22p^2$	77	3,823	1,086	CO_2	酸性
Si	$[Ne]3s^23p^2$	117	1,683	786	SiO_2	酸性
Ge	$[Ar]3d^{10}4s^24p^2$	122	1,210	760	GeO_2	酸性
Sn	$[Kr]4d^{10}5s^25p^2$	140	505	707	SnO_2	両性
Pb	$[Xe]4f^{14}5d^{10}6s^26p^2$	146	600	715	PbO_2	弱い塩基性

例題 11-7　14 族元素の構造に関して次の各問いに答えよ。

(1) 黒鉛（グラファイト）の層状構造を書け。また，黒鉛とその他に物質の C–C 間の結合距離は次のような順である。この理由を述べよ。

ダイヤモンド(154 pm) ＞ 黒鉛(142 pm) ＞ ベンゼン(139.7 pm) ＞ エチレン(135 pm)

(2) ケイ素，ゲルマニウムがダイヤモンド構造をとり，グラファイト構造はとらない理由を述べよ。

解　答

(1) 黒鉛の層状構造を図 11-3 に示す。ダイヤモンド中では C–C 間は単結合で，エチレン中で二重結合，ベンゼン中で 1.5 重結合と考えられる。一方で黒鉛の層中は 1.33 重結合と考えられるため，結合

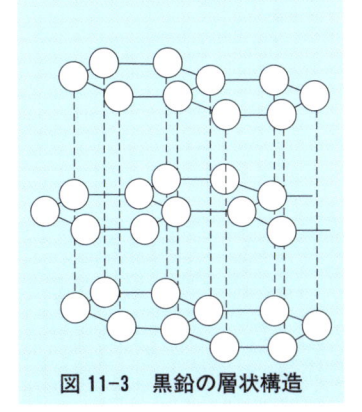

図 11-3　黒鉛の層状構造

距離がそれらの中間の値となる。

(2) ケイ素やゲルマニウムは，sp^2 混成の π 電子同士の相互作用が内殻電子の電子間反発によって弱まるため二重結合をしない傾向があるためである。

> **例題 11-8** 14族元素の伝導性について次の問いに答えよ。
> ダイヤモンドおよびシリコンの伝導性についてバンド構造より説明せよ。

解 答

図 11-4 のように金属は価電子帯の一部が空のまま残っているので金属内の電子はこの空の順位を使い伝導性を示す。これに対してダイヤモンドの価電子帯（sp^3 混成軌道）は電子によって満たされており，価電子帯とエネルギーギャップ（E_g）が 5.6 eV と大きい。このため電子の移動がなく，絶縁体である。シリコンの場合の E_g は 1.1 eV で通常は絶縁体であるが，外部からのエネルギーによって伝導体になりうる。

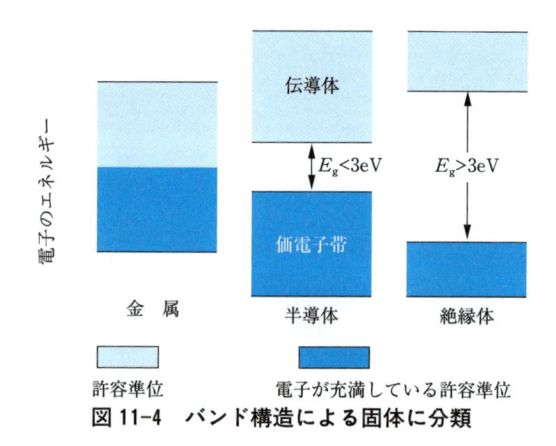

図 11-4 バンド構造による固体に分類

---

n 型半導体と p 型半導体

n 型半導体：ゲルマニウム（Ge）にヒ素（As）をドープした場合，5 B 族のヒ素は 4 B 族のゲルマニウムより価電子が 1 個多いので，Ge の単結晶の一部を As で置換すると余分な電子ができる。この電子は低温では図(a)に示すように伝導体のすぐ下のエネルギー準位を占める。室温ではこの電子が伝導帯に上がり電気伝導性が増加する（n 型半導体）。

p 型半導体：ホウ素をドープさせた場合，3 B 族の B で置換した場合は電子が不足して正孔（ホール）が生じる（図(b)）。このホールが正の電荷を運搬するために，電気伝導性が増加する（p 型半導体）。

(a) n 型半導体

伝導電子
As　As$^+$
ドナー準位　$E=0.049$ eV

(b) p 型半導体

B　B$^-$
アクセプター準位　$E=0.045$ eV
正孔

図　半導体のエネルギー模式図

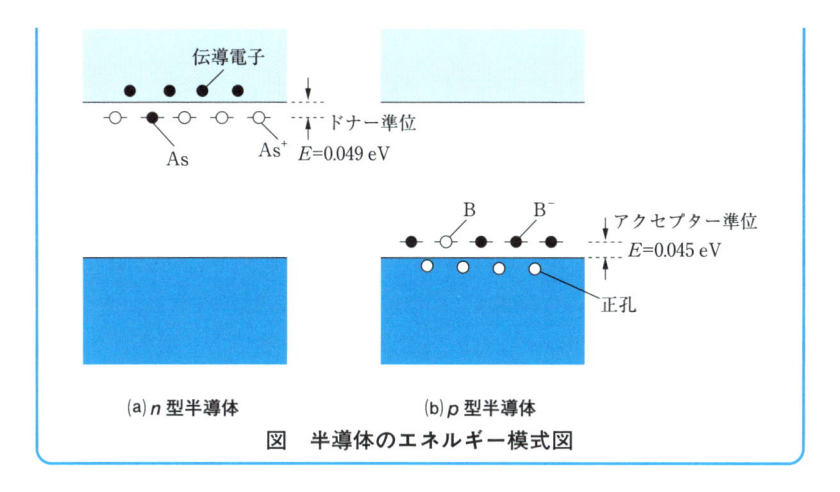

11.6　13族元素

13族は $n\text{s}^2 n\text{p}$ の電子配置を持っており，すべて3価の化合物をつくるが，原子番号が増すにつれて1価になる傾向もある。13族元素の性質を表11-7にまとめる。

表11-7　13族元素の性質

元素	電子配置	共有結合半径 (pm)	融点 (K)	第一イオン化エネルギー (kJ/mol)
B	[He]$2\text{s}^2 2\text{p}^1$	80	2,353	801
Al	[Ne]$3\text{s}^2 3\text{p}^1$	125	933	576
Ga	[Ar]$3\text{d}^{10} 4\text{s}^2 4\text{p}^1$	125	302	578
In	[Kr]$4\text{d}^{10} 5\text{s}^2 5\text{p}^1$	150	428	558
Tl	[Xe]$4\text{f}^{14} 5\text{d}^{10} 6\text{s}^2 6\text{p}^1$	155	576	589

例題 11-9　13族元素に関する次の各問いに答えよ。
(1) B と Si が化学的に類似している点をあげよ。
(2) ジボランと酸素，水，HCl，および NH$_3$ との反応を反応式で書け。

解 答
(1) ホウ酸塩とケイ酸塩はともに O を共有して二，三次元に複雑な構造をとりうる点，両元素とも非金属で共有結合性である点，B と Si の水素化物は揮発性で空気中で燃焼する点，ハロゲン化物が容易に加水分解する点，などがあげられる。

パイレックス

ホウ酸を完全に溶融するとガラス状の B$_2$O$_3$ となる。この溶融塩にシリカを溶かしたホウケイ酸ガラスをパイレックスという。また，他の金属酸化物を簡単に溶かしホウ酸塩ガラスを形成するため，高レベル放射性廃棄物の固化体としても用いられる。

(2) ① $B_2H_6 + 3\,O_2 \rightleftharpoons B_2O_3 + 3\,H_2O$　（発熱反応）　(11-5)
　　② $B_2H_6 + 6\,H_2O \rightleftharpoons 2\,B(OH)_3 + 6\,H_2$　（瞬間的な反応）
　　　　　　　　　　　　　　　　　　　　　　　　　　　　　(11-6)
　　③ $B_2H_6 + HCl \rightleftharpoons B_2H_5Cl + H_2$　　　　　(11-7)
　　④ $B_2H_6 + 2\,NH_3 \rightleftharpoons [H_2B(NH_3)_2]^+[BH_4]^-$　(11-8)

解説

水素化ホウ素はボランとよばれる分子性水素化物であり反応性が高い。ジボランは電子不足で特徴的な H による橋かけ構造をしており（多中心結合），有機合成に有用な中間体をつくるために用いる物質である。

第 11 章　章末問題

問題 11-1

次の各問いに答えよ

(1) F_2 および Cl_2 と水との反応の反応式を記せ。
(2) HF，HCl，HBr，HI の沸点を高い順から並べ，その原因を述べよ。
(3) HF，HCl，HBr，HI の水中での酸としての強さを強い順に並べ，その原因を述べよ。

問題 11-2

16 族元素に関する次の各問いに答えよ。

(1) 酸素以外の 16 族元素は酸素の化学的性質と似ているところがほとんどない。この主な理由を説明せよ。
(2) 硫酸イオン SO_4^{2-}，亜硫酸イオン SO_3^{2-}，チオ硫酸イオン $S_2O_3^{2-}$ の構造を書け。また，この中で還元剤として働くものを選択せよ。

問題 11-3

次の各問いに答えよ。

(1) B_2O_3 の物理的，化学的性質について述べよ。
(2) BF_3 と水との反応式をかき，BF_3 の化学的特徴について述べよ。

問題 11-4

アルミニウム元素に関する次の各問いに答えよ。

(1) アルミニウムは両性元素であり，酸，アルカリによく溶ける。Al 金属とアルカリ性溶液の反応式を書け。また，Al 金属は空気中や硝酸中ではどうなるか説明せよ。
(2) $Al(OH)_3$ と Al_2O_3 それぞれの酸性，塩基性溶液中における反応式をそれぞれ書け。

第11章 pブロック元素（13～18族元素）

章末問題 解答

問題 11-1

(1) $2F_2 + 2H_2O \rightleftharpoons 4HF + O_2$
$Cl_2 + H_2O \rightleftharpoons HCl + HClO$

(2) HF＞HI＞HBr＞HCl

HCl, HBr, HI で，分子量が大きくなることで，ファンデルワールス力が大きくなり沸点が高くなる。HF では F の電気陰性度が大きいため，F-H 結合が分極して，水素結合が形成されるため，他のハロゲン化水素よりも沸点が高くなる。

(3) HI＞HBr＞HCl＞HF

電気陰性度の大小による。小さいほど H との結合が弱くなり，酸化力が大きくなる。HF においては強い分極のため，水中では水素結合で安定化するため，弱い酸となる。

問題 11-2

(1) S, Se, Te, Po は O より電気陰性度が低いため，それらの化合物のイオン性が低い。そのため，分子間の水素結合がほとんど形成されなくなる。また，O と異なり，原子価は 2 に限定されず，d 軌道を使って他の元素に対して 4 つ以上の結合をつくることができる。

(2)

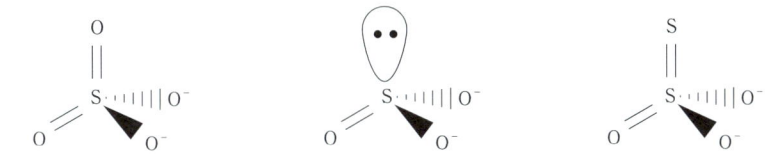

還元剤として働くのは亜硫酸イオン SO_3^{2-}，チオ硫酸イオン $S_2O_3^{2-}$ である。

問題 11-3

(1) BO_4 を O が橋かけして三次元構造をとっているが，BO_4 四面体のゆがみのせいでガラス状になりやすい傾向がある。吸湿性で水に溶けやすく，溶けるとメタホウ酸やオルトホウ酸にを生成する。

(2) BF_3 は水によって部分的にしか加水分解されない。
$4BF_3 + 6H_2O \rightleftharpoons 3H_3O^+ + 3BF_4^- + B(OH)_3$

非常に強いルイス酸であり，部分的にしか加水分解されないため，各種有機反応をすすめるために広く用いられる。

問題 11-4

(1) $Al + 3H_2O \rightleftharpoons Al(OH)_3 + 3H_2$

空気中や硝酸水溶液中では表面に酸化被膜を形成し，反応の進行が妨げられる（不動態）。

(2) $Al(OH)_3$ と Al_2O_3 は両方とも両性酸化物である。

酸性溶液中で

$Al(OH)_3 + 3H^+ \rightleftarrows Al^{3+} + 3H_2O$

$Al_2O_3 + 6H^+ \rightleftarrows 2Al^{3+} + 3H_2O$

塩基性溶液中

$Al(OH)_3 + OH^+ \rightleftarrows AlO_2^- + 2H_2O$

$Al_2O_3 + 2OH^- \rightleftarrows 2AlO_2^- + H_2O$

第12章
d ブロック元素

　d ブロック元素は単体が金属であることや化合物が色々の酸化数をとることや多くの錯体が形成されることなど特色が多く，元素の中では重要なものである。ここでは d ブロックに関する演習問題を取り扱う。第 12 族元素の Zn，Cd，Hg は遷移元素には分類されないが，便宜上本章で取り扱う。

12.1　一般的性質

> **例題 12-1**　遷移元素とは何か電子配置をもとに説明せよ。

解　答

　遷移元素は d 軌道が不完全に満たされている元素（d ブロック元素）と f 軌道が不完全に満たされている元素（f ブロック元素）がある。

　d ブロック元素はその外殻電子は $(n-1)d^{1-10}ns^{0-2}$ の形で示され，外殻電子はそのままで，その内側の d 軌道に電子に電子が入る。そのため原子価はそのままで，元素の性質は似ている。s，p ブロック元素間をこの遷移元素（transition element）がつないでいることになる。

　f ブロック元素は f 軌道が閉殻になっていない元素で，f 電子数の違いにもかかわらず化学的類似性が見られる。

解　説

　遷移元素は次に示す 4 つのグループがある。

第一遷移元素　　$_{21}$Sc，$_{22}$Ti，$_{23}$V，$_{24}$Cr，$_{25}$Mn，$_{26}$Fe，$_{27}$Co，$_{28}$Ni，$_{29}$Cu，（$_{30}$Zn）

第二遷移元素　　$_{39}$Y，$_{40}$Zr，$_{41}$Nb，$_{42}$Mo，$_{43}$Tc，$_{44}$Ru，$_{45}$Rh，$_{46}$Pd，$_{47}$Ag，（$_{48}$Cd）

第三遷移元素　　$_{57}$La，$_{72}$Hf，$_{73}$Ta，$_{74}$W，$_{75}$Re，$_{76}$Os，$_{77}$Ir，$_{78}$Pt，$_{79}$Au，（$_{80}$Hg）

第四遷移元素　　$_{89}$Ac，$_{90}$Th，$_{91}$Pa，$_{92}$U，$_{93}$Np，$_{94}$Pu，$_{95}$Am，$_{96}$Cm，$_{97}$Bk，$_{98}$Cf，$_{99}$Es，$_{100}$Fm，$_{101}$Md，$_{102}$No，$_{103}$Lr

第2編 元素編

> **Zn, Cd, Hg の取り扱い**
> これら3元素の電子配置はそれぞれ $3d^{10}4s^1$, $4d^{10}5s^1$, $5d^{10}6s^1$ である。主なイオン種は化学的挙動が他の遷移元素の挙動と類似している。このため便宜上遷移元素として取り扱うことが多い。

第一遷移元素～第三遷移元素が d ブロック元素，第四遷移元素が f ブロック元素である。$_{57}$La～$_{71}$Lu の元素はランタノイド元素（lanthanoid element），$_{89}$Ac～$_{103}$Lr の元素はアクチノイド元素（actinoid element）とよばれる。

> **例題 12-2** d ブロック元素の特徴を述べよ。

解 答

d ブロック元素は電子配置や原子半径の類似に基づく性質の類似性がある。一般的性質としては金属元素であり，融点・沸点ともに高く，電気および熱の良導体であり，他の金属とも合金をつくり，無機酸に溶ける金属が多いなどである。次に酸化状態，磁気的性質，色調と吸収スペクトルおよび錯体については特徴をあげる。

i）酸化状態；最外殻の s 電子を失い 1 価または 2 価，d 電子を失い 3 価の陽イオンになる。また化合物で高次の酸化数が見られ，第一遷移元素より第二，第三遷移元素の高酸化数化合物の方が安定である。

ii）磁気的性質；d 軌道に不対電子を持つことが可能なために，多くは磁性（常磁性，強磁性）を示す。

iii）色調と吸収スペクトル；遷移元素の化合物は有色なものが多い。d 電子の遷移（d-d 遷移）に基づく吸収スペクトルが可視部波長領域に観察され，特定の波長の光が吸収されることによる。

iv）錯体の形成；遷移元素は各種の錯体を作りやすいことが知られている。

> **遷移元素の低酸化数**
> ① CO, NO, CN$^-$, 2,2′-ビピリジン（bpy）などのような π 酸性配位子と結合して錯体となる場合で，これらの配位子は非共有電子対をもち空位の π 軌道があるため，金属のみたされた軌道から電子密度を受け入れて，一種の π 結合を形成し，非共有電子対の供与による σ 結合を補う。
> ② アセチレンやベンゼンのような芳香環が金属原子に結合するような有機金属錯体を形成する場合

> **例題 12-3** d^{0-10} の d イオンの不対電子数および磁気モーメントの計算値を示せ。

解 答

磁気モーメント μ は不対電子の数を n とすれば

$$\mu/\mu_B = \sqrt{n(n+2)} \tag{12-1}$$

となる。ここで，μ の単位はボーア磁子 μ_B である（7章脚注 スピンオンリーの式参照，p 102）。この式を用いた値を表 12-1 に示す。

表 12-1　d^{0-10} の d イオンの磁気モーメント

	3d 電子	不対電子数	μ 計算値 (μ_B)	μ 実測値 (μ_B)
Sc^{3+}, Ti^{4+}	0	0	0	0.00
V^{4+}, Ti^{3+}	1	1	1.73	1.7〜1.8
V^{3+}	2	2	2.83	2.7〜2.9
V^{2+}, Cr^{3+}	3	3	3.87	3.7〜3.9
Cr^{2+}, Mn^{3+}	4	4	4.90	4.8〜4.9
Mn^{2+}, Fe^{3+}	5	5	5.92	5.7〜6.0
Fe^{2+}, Co^{3+}	6	4	4.90	5.0〜5.6
Co^{2+}	7	3	3.88	4.3〜5.2
Ni^{2+}	8	2	2.83	2.9〜3.5
Cu^{2+}	9	1	1.73	1.8〜2.7
$Cu^+(Zn^{2+})$	10	0	0	0.00

12.2　第一遷移元素

第一遷移系列元素の性質を表 12-2 に示す。

表 12-2　第一遷移系列元素の性質

元素	電子配置	融点 (K)	密度 (g/cm³)	イオン半径 (pm)	金属結合半径 (pm)	M^{2+}	M^{3+}
Sc	$[Ar]3d\,4s^2$	1,813	2.99	75(3+)	163		無
Ti	$[Ar]3d^2s^2$	1,933	4.5	61(4+)	145		紫
V	$[Ar]3d^3s^2$	2,163	6.11	54(5+)	131	紫	青
Cr	$[Ar]3d^5s$	2,133	7.19	62(3+), 55(4+)	125	青	紫
Mn	$[Ar]3d^5s^2$	1,513	7.18	83(2+)	112	淡紅	褐
Fe	$[Ar]3d^6s^2$	1,810	7.87	78(2+), 65(3+)	124	淡緑	淡赤紫
Co	$[Ar]3d^7s^2$	1,766	8.9	65(2+), 55(3+)	125	紅	青
Ni	$[Ar]3d^8s^2$	1,726	8.91	69(2+)	125	緑	
Cu	$[Ar]3d^{10}4s$	1,356	8.94	73(2+)	128	青緑	

例題 12-4　チタンについて次の各問いに答えよ。
(1)　チタンの酸化数について述べよ。
(2)　金属 Ti の性質，用途について述べよ。

解　答
(1)　チタンの電子構造は $[Ar]3d^24s^2$ で，+4 が一番安定している。ほかの酸化数では +2, +3 をとるが，条件により次のように不均化反応が起きる。

$$2\,Ti^{3+} \rightleftarrows Ti^{2+} + Ti^{4+} \tag{12-2}$$

$$2\,Ti^{2+} \rightleftarrows Ti + Ti^{4+} \tag{12-3}$$

金属 Ti の精錬

チタン鉄鉱 $FeTiO_3$ と炭素と混ぜて Cl_2 で熱処理し，$TiCl_4$ にする。

$2 FeTiO_3 + 3 C + 7 Cl_2$
$\rightleftarrows 2 TiCl_4 + 3 CO_2 + 2 FeCl_3$

その後，分留で不純物を分離し，アルゴン気流中で〜800℃で融解 Mg で還元する。

$TiCl_4 + 2 Mg$
$\rightleftarrows Ti + 2 MgCl_2$

得られた海綿状のチタンから過剰の Mg, $MgCl_2$ を 1,000℃で蒸発させて除いた後，アルゴンまたはヘリウム気流中でアーク融解してインゴットにする。クロール法とよばれる。

(2) 金属チタンは六方最密格子をとり，硬度，熱・電気伝導性が高く軽量，耐腐食性がある。高温では活性となり次のような反応をする。

$$Ti + O_2 \rightleftarrows TiO_2 \tag{12-4}$$
$$Ti + 2 Cl_2 \rightleftarrows TiCl_4 \tag{12-5}$$

少量の Al, Sn を添加して合金とし，航空機材，タービンエンジンなど広く利用されている。

> **例題 12-5** $Sc(NO_3)_3$, $FeCl_3$, $NiCl_3$ などの塩の水溶液は酸性を示す。この理由を Brönsted-Lowry の酸・塩基反応から説明せよ。

解 答

遷移元素はイオン半径が小さく電荷が高く，水分子の O と強く配位する。一方の H は外側に向き，他の水と作用する。陽電荷が大きいほど，水の分極は大きくなる。そのため OH 間の電子密度が減少し，H^+ がはずれ酸性を示すと考えられる。例として Fe^{3+} の場合の反応は

$$[Fe(H_2O)_6]^{3+} + H_2O \rightleftarrows [Fe(H_2O)_5(OH)]^{2+} + H_3O^+ \tag{12-6}$$

解離定数として $pK_a = 2.2$ でリン酸の第一解離定数と同程度である。一般に金属塩は Brönsted-Lowry の酸となる。

> **例題 12-6** バナジウム単体の製造法と性質および代表的化合物について述べよ。

解 答

単体を得るには電解還元法，酸化物を Ca により還元，ヨウ化物の熱分解による方法などがある。単体は空気中で安定であるが，高温では酸素と反応し，V_2O, V_2O_2, V_2O_3, V_2O_4, V_2O_5，など生成する。V は酸性水溶液中では VO^+, VO^{2+}, VO^{3+}, VO_2^+ などとして存在する。

錯体では O 含む $[VO(H_2O)_4]^{2+}$, $[VO(acac)_2]$ やカルボニル錯体 $V(CO)_6$, $V(C_5H_5)(CO)_4$ など生成する。

解 説

バナジル酸イオン VO_4^{3-} は強アルカリ溶液中で存在し，酸の添加で複雑なイオンを生成する，

$$VO_4^{3-} \rightleftarrows V_2O_7^{4-} \rightleftarrows H_2V_4O_{13}^{4-} \text{ など} \rightleftarrows \overset{\text{強酸性}}{V_2O_5} \rightleftarrows VO^{3+} \quad (12\text{-}7)$$

例題 12.7 バナジウムの次の反応式を書け。
(1) VCl_4 を加熱したときの反応式を書け。
(2) V^{3+} が水溶液中で酸化されるときの反応式を書け。

解 答

(1) $2\,VCl_4 \rightleftarrows 2\,VCl_3 + Cl_2$ (12-8)

(2) $4[V(H_2O)_6]^{3+} + O_2 \rightleftarrows 4[VO(H_2O)_5]^{2+} + 4\,H^+ + 2\,H_2O$ (12-9)

解 説

(1) VCl_3 は淡紅色で三方晶系の結晶である。VCl_3 の不均化反応で得られた VCl_2 は強い還元剤としてはたらく。

(2) 生成したオキソペンタアクアバナジウム(IV)イオンは図 12-1 に示すようにひずんだ六配位八面体構造をとっており，シス配置の配位子の結合が優勢である。

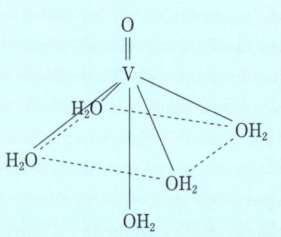

図 12-1 $[VO(H_2O)_5]^{2+}$ の構造

例題 12.8 クロムの単体の性質（酸化数や酸塩基との反応など）と代表的化合物について述べよ。

解 答

クロムは常温で安定である．酸化数としては $-2 \sim +6$ をとるが，3 価が最も安定である．塩酸，硫酸には溶けるが，硝酸には不動態化する．CrO_3 は水に溶け H_2CrO_4 となる．CrO_4^{2-} は酸性では縮合して $Cr_2O_7^{2-}$ などになる

$$H_2CrO_4 \rightleftarrows HCrO_4^- + H^+ \quad (12\text{-}10)$$
$$HCrO_4^- \rightleftarrows CrO_4^{2-} + H^+ \quad (12\text{-}11)$$
$$2\,HCrO_4^- \rightleftarrows Cr_2O_7^{2-} + H_2O \quad (12\text{-}12)$$

Cr(III)化合物は Al(III)と同じようにクロムミョウバン $KCr(SO_4)_2 \cdot 12\,H_2O$ を作る．Cr(III)錯体は $[Cr(NH_3)_6]^{3+}$，$[CrCl_6]^{3-}$，$[Cr(CN)_6]^{3-}$ など多く知られている．その他の価数では Cr(0) では $[Cr(CO)_6]$，$[Cr(C_6H_6)_2]$，Cr($-$I, $-$II) では $Na_2[Cr_2(CO)_{10}]$，$Na_2[Cr(CO)_5]$ などがある．

Cr(III)錯体の吸収スペクトル

Co(III)錯体に似ていて，可視部から紫外部にかけての第1，第2吸収帯をに示す．

クロム製造

クロム鉄鉱をアルカリと熱し，水で抽出後，酸性で重クロム酸塩とし，還元して Cr_2O_3 をえる．単体は酸化物を還元するか，クロム酸溶液の電解などで得られる．

図 12-2 ニクロム酸イオンの構造

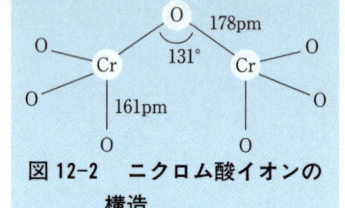

> **例題 12-9** ニクロム酸塩について次の各問いに答えよ。
> (1) $Na_2Cr_2O_7$ におけるニクロム酸イオンの構造を書け。
> (2) $Na_2Cr_2O_7$ の酸性溶液中およびアルカリ性溶液中での酸化作用の式を書け。

解 答

(1) 構造は図 12-2 のように折れ線型となっている。
(2) 酸性溶液中では

$$Cr_2O_7^{2-} + 14\,H^+ + 6\,e^- \rightleftharpoons 2\,Cr^{3+} + 7\,H_2O \quad (12\text{-}13)$$

ニクロム酸塩は酸性溶液中で強い酸化作用を示す。標準酸化還元電位は $+1.29\,V$ であり、$FeSO_4$、H_2S や有機物など多くの物質を酸化する。
アルカリ性溶液中ではクロム酸イオンとなり

$$CrO_4^{2-} + 4\,H_2O + 3\,e^- \rightleftharpoons Cr(OH)_3 + 5\,OH^- \quad (12\text{-}14)$$

の反応式となる。標準酸化還元電位は $+0.13\,V$ である。

> **例題 12-10** マンガンについて次の各問いに答えよ。
> (1) MnO_2 を塩酸溶液中に入れたときに起こる反応について反応式を書け。
> (2) 過マンガン酸イオンの酸性溶液中およびアルカリ性溶液中の酸化還元反応式を書け。また、酸性溶液中に過剰の過マンガン酸イオンが存在している場合どうなるか。

解 答

(1) MnO_2 は酸性溶液中において

$$MnO_2 + 4\,H^+ + 2\,e^- \rightleftharpoons Mn^{2+} + 2\,H_2O \quad (E=1.23\,V) \quad (12\text{-}15)$$

のように酸化剤としてはたらき、塩酸とは

$$MnO_2 + 4\,HCl \rightleftharpoons Mn^{2+} + Cl_2 + 2\,Cl^- + 2\,H_2O \quad (12\text{-}16)$$

の反応がおこって塩素を発生する。

(2) 酸性溶液中：$MnO_4^- + 8\,H^+ + 5\,e^- \rightleftharpoons Mn^{2+} + 4\,H_2O \quad (12\text{-}17)$

アルカリ性溶液中：$MnO_4^- + 2\,H_2O + 3\,e^- \rightleftharpoons MnO_{2(s)} + 4\,OH^- \quad (12\text{-}18)$

過剰の過マンガン酸イオンが存在している場合は

$$MnO_4^- + 3Mn^{2+} + 2H_2O \rightleftharpoons 5MnO_2 + 4H^+ \tag{12-19}$$

のように，MnO_4^- が Mn^{2+} を酸化するため生成物は MnO_2 となる。

> 例題 12-11　鉄の精錬における溶鉱炉中での化学反応について述べよ。

解 答

鉄の主な鉱石は磁鉄鉱（magnetite）（Fe_3O_4），褐鉄鉱（limonite）（$2Fe_2O_3 \cdot 3H_2O$），赤鉄鉱（haematite）（Fe_2O_3）などがある。これらの鉱石を溶鉱炉中でコークスや溶剤と共に強熱し銑鉄を得る。

炉の下部で生じた二酸化炭素はコークスと反応し，一酸化炭素になり，炉の中を上がっていく。

$$CaCO_3 \rightleftharpoons CaO + CO_2 \tag{12-20}$$
$$CO_2 + C \rightleftharpoons 2CO \tag{12-21}$$

この一酸化炭素は酸化鉄にはたらき，順次還元していく。

$$3Fe_2O_3 + CO \rightleftharpoons 2Fe_3O_4 + CO_2 \tag{12-22}$$
$$Fe_3O_4 + CO \rightleftharpoons 3FeO + CO_2 \tag{12-23}$$
$$FeO + CO \rightleftharpoons Fe + CO_2 \tag{12-24}$$

また，コークスによる直接還元反応も起きる。

$$FeO + C \rightleftharpoons Fe + CO \tag{12-25}$$

不純物（SiO_2，P_2O_5 など）は CaO と反応してスラッグとして除去される。

> 例題 12-12　鉄の2価と3価の代表的錯体について例をあげて説明せよ。

解 答

鉄は錯体を作りやすい。Fe^{2+} は四面体型四配位と八面体型六配位がほとんどである。NCS^- とは，$[Fe(NCS)_4]^{2-}$ と $[Fe(NCS)_6]^{4-}$ の両方を生成する。Fe^{3+} は八面体が最も多く，四面体はハロゲノ錯体 $[FeX_4]^-$（$X = Cl^-$，Br^-）などがある。シアノ錯体としては $[Fe(CN)_6]^{4-}$ と $[Fe(CN)_6]^{3-}$ が生成し，Fe^{2+}，Fe^{3+} とは次のように反応する。

$$3Fe^{2+} + 2[Fe(CN)_6]^{3-} \rightleftharpoons Fe_3[Fe(CN)_6]_2 \tag{12-26}$$
$$4Fe^{3+} + 3[Fe(CN)_6]^{4-} \rightleftharpoons Fe_4[Fe(CN)_6]_3 \tag{12-27}$$

キレートでは Fe^{2+} は1,10-フェナントロリンと $[Fe(phen)_3]^{2+}$,

鉄の同素変態

常温では体心立方構造の α 鉄が安定である。1183 K 以上では立方最密構造の γ 鉄に変わり，1673 K 以上では体心立方構造の δ 鉄が安定となる。

第2編 元素編

混合原子価錯体 (mixed valence complex)

錯体を構成する同種原子が異なる酸化数を持つ場合で，例としては，顔料の $Fe(III)_4[Fe(II)(CN)_6]_3$ や鉄の黒錆である Fe_3O_4（酸化鉄(II, III)または酸化一鉄(II)二鉄(III)）などが知られている。また，このように純物質で同一元素の原子が複数の酸化数をとる状態は混合原子価状態（mixed valency）とよばれる。

乾燥剤のシリカゲル

吸湿後色が青からピンクへと変化する。この変化はシリカゲルには $CoCl_2$ が担持されており，水蒸気を吸収して桃色となる。これは，

$CoCl_2 + 6H_2O \longrightarrow$
$[Co(H_2O)_6]^{2+} + 2Cl^-$

のような反応による。

2, 2′-ジピリジルと $[Fe(dip)_3]^{2+}$ を生成し，吸光光度分析に利用される。そのほかカルボニル錯体（$Fe(CO)_5$, $Fe_2(CO)_9$ など）や，フェロセン錯体等の有機金属化合物を生成する。電子伝達と酸素伝達を触媒する鉄タンパク酵素は重要である。電子伝達の酵素はヘム鉄を含むのも，非ヘム鉄系のものがある。

> **例題 12-13** コバルトの単体・化合物の性質について述べよ。

解 答

単体は空気中で安定である。高温で S，P，B などの非金属と化合する。化合物で重要な酸化数は +2，+3 で，高酸化状態はあまりとらない。コバルト(II)の塩は水溶液中で $[Co(H_2O)_6]^{2+}$ で安定に存在し，桃色を呈する。コバルト(III)は錯体中で安定に存在する。

解 説

錯体の例としては以下のものがある，

Co(I)；$HCo(PF_3)_4$, $[Co(bpy)_3]^+$

Co(II)；$[CoX_4]^{2-}$（X；ハロゲン化物イオン）（四面体）
　　　　$[Co(salen)]$（平面正方形），$[Co(salen)(py)]$（四角錐）
　　　　$[Co(NH_3)_6]^{2+}$, $[Co(en)_3]^{2+}$（八面体）

Co(III)；多数のアンミン錯体など
　　　　$[Co(CN)_6]^{3-}$, $[Co(NH_3)_6]^{3+}$, $[CoCl(NH_3)_5]^{2+}$,
　　　　$[Co(NO_2)_2(NH_3)_4]^+$ など

コバルト(III)錯体の合成

コバルト(III)錯体は配位子の存在下で，コバルト(II)の酸化を行うか，錯体中の配位子を他の配位子で置換することにより合成することができる。

たとえばヘキサアンミンコバルト(III)塩化物は塩化コバルト，塩化アンモニア，アンモニア水の混合溶液に活性炭を加え空気酸化を行うと得られる。この反応は次式で示される，

$4Co^{2+} + 4NH_4^+ + 20NH_3 + O_2 \rightleftharpoons$
$4[Co(NH_3)_6]^{3+} + 2H_2O$

Co(III)錯体は A，B，I，II（長波長から）で示される4つの吸収帯を示す。

例題 12-14　ニッケルの単体の構造と性質および代表的な錯体とその性質について述べよ．

解　答

　単体は六方最密構造をとり，希酸に対して溶解するが，濃硝酸に対しては不動態を形成して溶解が進まない．粉末の単体は空気に対して反応活性であり，発火性である．酸化数は0～+4で2価が多い．塩は水溶液中で水和イオン $[Ni(H_2O)_6]^{2+}$ として存在し，水酸化ナトリウムの添加により，水酸化物を生じる．

　Ni(II)はアンミン錯体など多数の八面体型6配位錯体が知られて，常磁性，青系統の色を呈する．また平面正方型のジメチルグリオキシム錯体 $[Ni(C_4H_7N_2O_2)_2]$，$[Ni(CN)_4]^{2-}$ などのように反磁性で，黄色あるいは赤系統の錯体も生成する．四面体としては $[NiX_4]^{2-}$（X＝ハロゲン化物イオン）がある．アセチルアセトナト錯体は三量体構造であることが知られている．Ni(III)の錯体としては $[NiF_6]^{3-}$ や P，S系の配位子を含む錯体がある．

例題 12-15　銅の単体の性質および1価と2価の化合物の構造や性質について述べよ．

解　答

　銅の単体は湿った空気中で侵される．
　酸との反応では酸素の存在下で溶ける．

$$2\,Cu + 4\,H^+ + O_2 \rightleftharpoons 2\,Cu^{2+} + 2\,H_2 \tag{12-28}$$

また，酸化性の硝酸などに溶ける．
アンモニア水には酸素の存在で溶ける．

$$2\,Cu + 8\,NH_3 + O_2 + 2\,H_2O \rightleftharpoons$$
$$2[Cu(NH_3)_4]^{2+} + 4\,OH^- \tag{12-29}$$

化合物で+1価の状態は難溶性化合物あるいは錯体などとしてのみ生じ，一般には不安定である．次の反応で生成する．

$$2\,Cu^{2+} + 4\,I^- \rightleftharpoons 2\,CuI + I_2 \tag{12-30}$$
$$2\,Cu^{2+} + 2\,CN^- \rightleftharpoons (CN)_2 + 2\,Cu^+ \tag{12-31}$$
$$Cu^+ + 4\,CN^- \rightleftharpoons [Cu(CN)_4]^{3-} \tag{12-32}$$

通常は+2価の状態として存在する．Cu(II)は多くの錯体を形成し，その構造は通常平面に4個の配位子が結合し，垂直な方向に第5，第6の配位子がやや離れたところで結合している．硫酸銅(II)は $CuSO_4\cdot 5\,H_2O$ として結晶する．その結晶中では図12-3のように平面に H_2O 分

銅の精錬

　銅の主な鉱石は黄銅鉱や輝銅鉱などの硫化物その他酸化物，炭酸塩などである．鉱石を焼いて揮発性不純物を除く．さらに石英と強熱し，鉄はケイ酸鉄として除く．

$$2\,CuFeS_2 + 4\,O_2 \rightleftharpoons$$
$$Cu_2S + 2\,FeO + 3\,SO_2$$
$$FeO + SiO_2 \rightleftharpoons FeSiO_3$$

Cu_2S は空気を通じつつ強熱すると金属が得られる．

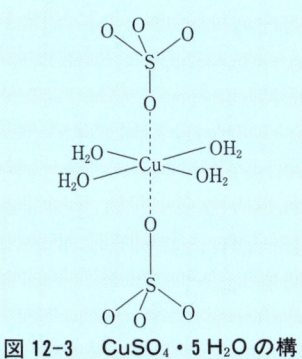

図 12-3　$CuSO_4\cdot 5\,H_2O$ の構造

> **例題 12-16** 次の銅に関する反応について書け。
> (1) 屋外にある銅の肖像が緑色に変質する現象
> (2) 塩化カリウム水溶液中において塩化銅(Ⅰ)とエチレンジアミンを反応させた時の反応

解 答
(1) Cu 単体は次のように大気中成分と反応して
$$2\,Cu + H_2CO_3 + O_2 \rightleftharpoons CuCO_3 \cdot Cu(OH)_2 \quad (12\text{-}33)$$
緑青とよばれる錆を生じる。
(2) エチレンジアミン (en) と反応し，0価の Cu を生じる。
$$2\,CuCl + 2\,en \rightleftharpoons [Cu(en)_2]^{2+} + 2\,Cl^- + Cu \quad (12\text{-}34)$$
これは en 配位子のキレート効果によって Cu^{2+} が安定に存在する条件となって
$$2\,Cu^+ \rightleftharpoons Cu^0 + Cu^{2+} \quad (12\text{-}35)$$
という不均化反応の平衡が右に移動したためである。

12.3 第二，第三遷移系列元素

次の元素群が第二，第三遷移系列元素である。表 12-3 および表 12-4 にそれぞれの性質を示す。

表 12-3 第二遷移系列元素の性質

元素	電子配置	融点 (K)	密度 (g/cm³)	イオン半径 (pm)	金属結合半径 (pm)
Y	$[Kr]4d\,5s^2$	1,793	4.47	104(3+)	178
Zr	$[Kr]4d^2 5s^2$	2,123	6.51	86(4+)	159
Nb	$[Kr]4d^4 5s$	2,743	8.56	78(5+)	143
Mo	$[Kr]4d^5 5s$	2,893	10.2	75(5+), 73(6+)	136
Tc	$[Kr]4d^6 5s$	2,443	11.5	79(4+)	135
Ru	$[Kr]4d^7 5s$	2,583	12.4	82(3+), 76(4+)	133
Rh	$[Kr]4d^8 5s$	2,243	12.4	81(3+), 74(4+)	135
Pd	$[Kr]4d^{10}$	1,823	12	78(2+), 76(4+)	138
Ag	$[Kr]4d^{10} 5s$	1,235	10.5	116(1+)	144

第12章 dブロック元素

表12-4 第三遷移系列元素の性質

元素	電子配置	融点 (K)	密度 (g/cm³)	イオン半径 (pm)	金属結合半径 (pm)
Hf	$[Xe]4f^{14}5d^26s^2$	2,503	13.3	85(4+)	156
Ta	$[Xe]4f^{14}5d^36s^2$	3,263	16.7	78(5+)	143
W	$[Xe]4f^{14}5d^46s^2$	3,673	19.3	73(5+), 74(6+)	136
Re	$[Xe]4f^{14}5d^56s^2$	3,453	21	67(4+)	137
Os	$[Xe]4f^{14}5d^66s^2$	3,318	22.6	77(4+)	134
Ir	$[Xe]4f^{14}5d^76s^2$	2,683	22.4	82(3+), 77(4+)	136
Pt	$[Xe]4f^{14}5d^96s$	2,043	21.5	74(2+), 77(4+)	139
Au	$[Xe]4f^{14}5d^{10}6s$	1,337	19.3	151(1+)	144

ZrとHfの原子半径およびイオン半径
第3遷移系列元素になると4f軌道がいってくることで、ランタノイド収縮が起こるため。両半径とも同じほぼ等しくなる。

例題 12-17 次の各問いに答えよ。

(1) ZrとHfは化学的性質が似ている。それら金属の化学的性質、また、それらの酸化物 ZrO_2 と HfO_2 の性質を述べよ。

(2) Zr および Hf の酸化物と酸、アルカリとの反応について述べよ。

解答

(1) 金属は熱中性子の吸収断面積が非常に小さく、高い耐食性をもつため、原子炉材料として用いられる。また、酸化物は融点が高く (ZrO_2 の場合 2,700 °C)、耐食性もあるため、るつぼや炉に用いられる。

(2) これら酸化物は硫酸には溶けるが、アルカリには溶けにくい。
$$ZiO_2 + H_2SO_4 \rightleftharpoons TiOSO_4 + H_2O \quad (12\text{-}36)$$
硝酸には酸化被膜をつくり溶けない。塩酸、リン酸では条件により変わってくる。

例題 12-18 次の各問いに答えよ。

(1) Mo および W の物理化学的性質、また MoO_3 の化学的性質を述べよ。

(2) Mo および W を 500 °C 下で塩素化したときの反応式をそれぞれ書け。

解答

(1) どちらも通常0価から6+までの酸化数をとる。Moを鋼に添加すると強度が増加するため、合金材料として用いられる。MoO_3 は酸には溶けず、アルカリ性で溶けてモリブデン酸塩となる。MoO_3

Nbの化合物
Nbは+2～+5価をとりうるが、5価の化合物が最も安定である。Nb^{5+} の錯体は6配位と7配位が多く、フロロ錯体 $[NbF_6]^-$, $[NbF_7]^{2-}$ やクロロ錯体 $[Nb_2Cl_{10}]$ がある。$NbCl_5$ は結晶中で塩素が2つのNbを架橋する構造（図）をとることが知られている。

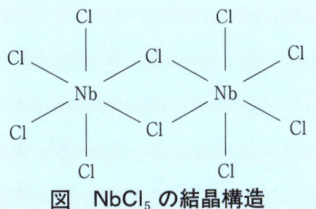

図 $NbCl_5$ の結晶構造

> **Mo および W のポリ酸**
> Mo および W が酸素および水素を含む化合物をイソポリ酸とよび，それ以外の原子を1つ以上含むものはヘテロポリ酸とよぶ。モリブドリン酸イオンは黄橙色でリン酸イオンの検出・定量法に用いられる。

は酸化還元触媒として用いられる。W は全金属中で最高の融点（3,400 ℃）をもち電気的特性にも優れるため，フィラメントなどに使われる。

(2) $2\,Mo + 5\,Cl_2 \rightleftharpoons Mo_2Cl_5$ (12-37)
$W + 3\,Cl_2 \rightleftharpoons WCl_6$ (12-38)

例題 12-19 次の各問いに答えよ。
(1) Tc および Re の最も安定な酸化物の化学式および性質を書け。
(2) Tc の有用性について述べよ。

解 答
(1) 最も安定な酸化物は Tc_2O_7 と Re_2O_7 で，7価が安定に存在する。水に溶解すると過テクネチウム酸 $HTcO_4$ と過レニウム酸 $HReO_4$ になる。酸化物をさらに加熱すると TcO_2 と ReO_2 が生成する。
(2) ^{99}Tc は半減期が6時間で，核医学において腫瘍の発現部位を見つけるのに役立つ。

例題 12-20 次の各問いに答えよ。
(1) 白金族金属をあげよ。
(2) パラジウム単体と水素の相互作用を説明せよ。

解 答
(1) Ru, Os, Rh, Ir, Pd, Pt
【補足】単体，錯体ともに触媒として用いられる元素が多い。Os と Ru の酸化物は単純な四面体型分子で，揮発性が高く毒性が高い。
(2) パラジウム金属は大量の水素を吸蔵して金属水素化物をつくり，水素の体積を約 1/1,000 に縮小して蓄えることができる。吸着した水素分子は原子上の水素に解離し，金属の結晶格子内に侵入し，面心立方格子のパラジウム原子6個に囲まれた八面体の中心に位置する。Pd に吸蔵された水素は活性が強く，強還元剤として作用する。

例題 12-21 白金の単体の化学的性質および錯体について述べよ。

解 答

単体は王水によって，ヘキサクロロ白金 (IV) 酸 $H_2[PtCl_6]$ を形成し溶ける。

$$3\,Pt + 18\,HCl + 4\,HNO_3 \rightleftharpoons$$
$$3\,H_2[PtCl_6] + 4\,NO + 8\,H_2O \qquad (12\text{-}39)$$

酸化数は +2, +4 が重要である。

Pt(II) の錯体については広く研究が行われ，種々の荷電のタイプの錯体として $[Pt(NH_3)_4]^{2+}$, $[Pt(NH_3)_3Cl]^+$, $[Pt(Ph_3P)_2Cl_2]$, $[Pt(py)Cl_3]^-$, $[PtCl_4]^{2-}$ など陽イオン，陰イオン及び中性のもの知られている。

> **例題 12-22** 銀の単体の化学的性質および代表的な化合物について述べよ。

解 答

銀の単体は空気中で徐々に酸化され表面に酸化銀，また硫化水素やイオウを含む空気中では硫化銀の膜がそれぞれ生成する。酸化作用のある酸には次式のように溶解する。

$$6\,Ag + 8\,HNO_3 \rightleftharpoons 6\,AgNO_3 + 2\,NO + 4\,H_2O$$
$$(12\text{-}40)$$

酸化数は+1, +2 価が重要である。+1 価では AgO, Ag_2S, AgX (X=F, Cl, Br), $AgNO_3$ など，+2 価では AgF_2, $Ca[AgF_4]$ などの化合物がある。

> **例題 12-23** 次の反応を化学反応式で書け。
> (1) 銀に熱濃硫酸を加えたとき
> (2) 硝酸銀溶液に水酸化ナトリウム溶液を加えたとき
> (3) 硝酸銀溶液にリン酸イオンを含む溶液を加えたとき

解 答

(1) $2\,Ag + H_2SO_4 \rightleftharpoons Ag_2O + SO_2 + H_2O$ (12-41)
  $Ag_2O + H_2SO_4 \rightleftharpoons Ag_2SO_4 + H_2O$ (12-42)

(2) $2\,AgNO_3 + 2\,NaOH \rightleftharpoons Ag_2O + 2\,NaNO_3 + H_2O$
  (12-43)

(3) $3\,Ag^+ + PO_4^{3-} \rightleftharpoons Ag_3PO_4$ (12-44)

王 水

王水 (aqua regia) は，濃塩酸と硝酸とを 3:1 の体積比で混合してできる橙赤色の液体である。酸化力が非常に強く，分析化学などにおいて金属の溶解などに用いる。通常の酸には溶けない金や白金などの貴金属も溶解できる。ただし，耐性が極めて大きいタンタル，イリジウムなどは溶解しない。

> **例題 12-24** 銀の錯体の例をあげて説明せよ。

解答

Ag^+ はソフトな酸であり，P，Sやハロゲン化物イオンなどと安定な錯体を形成する。ハロゲン化物は水に難溶性のものが多いが，アンモニア，シアン化カリウム，チオ硫酸ナトリウムなどに錯イオンになって溶ける。

$$AgCl + 2\,KCN \rightleftharpoons K[Ag(CN)_2] + KCl \quad (12\text{-}45)$$
$$AgBr + 2\,Na_2S_2O_3 \rightleftharpoons Na_3[Ag(S_2O_3)_2] + NaBr \quad (12\text{-}46)$$

> **例題 12-25** 金の単体の化学的性質と代表的な化合物について述べよ。

解答

金の単体は酸素とは高温でも反応しないが，ハロゲンとは反応して $AuCl_3$，$AuBr_3$ 等を生じる。金は王水により，次のように $H[AuCl_4]$ を生じて溶ける。

$$Au + HNO_3 + 4\,HCl \rightleftharpoons H[AuCl_4] + NO + 2\,H_2O \quad (12\text{-}47)$$

化合物中の酸化数は +1，+3 が主である。+1 価では Au_2O，AuX ($X=Cl, Br, I$)，$K[Au(CN)_2]$，+3 価では Au_2O_3，AuX_3 ($X=F, Cl, Br$)，$K[Au(OH)_4]$ などの化合物がある。

> **例題 12-26** 次の反応の反応式を答えよ。
> (1) 酸素存在下での金とシアン化ナトリウムの反応の化学反応式を書け。
> (2) Au(Ⅰ)の水中における不均化反応式を書け。
> (3) フィルムの感光剤として用いられる Ag 化合物の感光反応を書け。

解答

(1) $4\,Au + 8\,NaCN + O_2 + 2\,H_2O \rightleftharpoons$
$\qquad 4\,Na[Au(CN)_2] + 4\,NaOH \quad (12\text{-}48)$

(2) $3\,Au^+ \rightleftharpoons Au^{3+} + 2\,Au \quad (12\text{-}49)$

(3) 感光剤は感光性が強いハロゲン化銀粒子からなり，ゼラチン水溶液に懸濁しフィルム支持体に塗布する。感光反応では次のように

Ag を遊離する。
$$AgX \rightleftharpoons Ag + 1/2\, X_2 \tag{12-50}$$

> **例題 12-27** 亜鉛，カドミウム，水銀の単体の化学的性質および代表的な化合物をあげ，その性質について述べよ。

解 答

亜鉛；空気中で加熱により ZnO を生成する。ハロゲンとは反応し，ZnX_2 を生じる。両性元素で酸，アルカリに溶ける。
$$Zn + 2\,H^+ \rightleftharpoons Zn^{2+} + H_2 \tag{12-51}$$
$$Zn + 4\,OH^- \rightleftharpoons [Zn(OH)_4]^{2-} \tag{12-52}$$

化合物の酸化数は +2 が重要である。酸化物として ZnO，ハロゲン化物として ZnX_2 (X=F, Cl, Br) などがある。

カドミウム；空気中で表面が酸化される。希酸には次のように溶ける。
$$Cd + 2\,H^+ \rightleftharpoons Cd^{2+} + H_2 \tag{12-53}$$
酸化物として CdO などがある。

水銀；常温で空気中で酸化されない。加熱により酸化し，500 ℃で分解する。
$$2\,Hg + O_2 \rightleftharpoons 2\,HgO \tag{12-54}$$
$$2\,HgO \rightleftharpoons 2\,Hg + O_2 \tag{12-55}$$
化合物の酸化数は +1，+2 価が重要である。酸化物として Hg_2O，HgO，ハロゲン化物として Hg_2Cl_2，$HgCl_2$，HgI_2 などがある。

第 12 章 章末問題

問題 12-1

クロムの多核錯体，$(NH_3)_5CrOCr(NH_3)_5$ の構造を示せ。

問題 12-2

酸性溶液中における $KMnO_4$ と Fe^{2+}，$C_2H_2O_4$ および H_2O_2 との化学反応式をそれぞれ書け。

問題 12-3

Fe が低酸化数をとるのはどのような場合か説明せよ。

問題 12-4

次の各問いに答えよ。

(1) Ni^{2+} はジメチルグリオキシム H_2dmg（次図参照）と 4 配位平面型錯体を形成する。その構造を図示せよ。

$$\begin{array}{c} CH_3C=NOH \\ | \\ CH_3C=NOH \end{array}$$

(2) NiO(OH)はニッケル-カドミウム電池に用いられる。その陽極での反応式を書け。

問題 12-5

硫酸銅(II)水溶液に次の操作をした場合の反応式をそれぞれ書け。

(1) ヨウ化カリウムを加える。

(2) シアン化カリウムを加える。

(3) 酸性にして，亜硫酸カリウムとチオシアン酸カリウムの混合物を加える。

問題 12-6

次の反応の化学反応式を書け。

(1) ヘキサクロロ白金(IV)酸を塩素気流中で 360 ℃ に加熱する。

(2) ヘキサクロロ白金(IV)酸ナトリウム水溶液にシュウ酸を加えて加熱する。

問題 12-7

$[PtCl_2(en)]$ の構造とその吸光特性について簡単に述べよ。

章末問題 解答

問題 12-1

通常二クロム酸イオンの場合，折れ線型の Cr-O-Cr であるが，Cr 二核のアミン錯体の場合，Cr の dπ 軌道と O の pπ 軌道とが重なりあって Cr-O-Cr 間での π 結合を形成し，電子が非局在化するため，下図のように直線型となる。

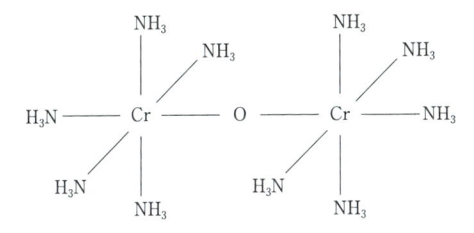

$$[(NH_3)_5Cr-O-Cr(NH_3)_5]$$

問題 12-2

(1) $5\,Fe^{2+} + MnO_4^- + 8\,H^+ \rightleftharpoons 5\,Fe^{3+} + Mn^{2+} + 4\,H_2O$

(2) $5\,C_2H_2O_4 + 2\,MnO_4^- + 6\,H^+ \rightleftharpoons 2\,Mn^{2+} + 10\,CO_2 + 8\,H_2O$

(3) $5\,H_2O_2 + 2\,MnO_4^- + 6\,H^+ \rightleftharpoons 2\,Mn^{2+} + 5\,O_2 + 8\,H_2O$

問題 12-3

カルボニル，ニトロシル，ビピリジンなどの錯体にみられ，$[Fe_2(CO)_9]$，$[Fe(CO)_4]$ のような非ウェルナー型錯体を形成する場合，低酸化数の化合物となる。

問題 12-4

(1) [Ni(dmg)$_2$ 構造図]

(2) $2\,NiO(OH) + 2\,H_2O + 2\,e^- \rightleftharpoons 2\,Ni(OH)_2 + 2\,OH^-$

問題 12-5

(1) $2\,Cu^{2+} + 4\,I^- \rightleftharpoons 2\,CuI + I_2$

(2) $2\,Cu^{2+} + 10\,CN^- \rightleftharpoons (CN)_2 + 2\,[Cu(CN)_4]^{3-}$

(3) $2\,CuSO_4 + K_2SO_3 + 2\,KSCN \rightleftharpoons 2\,Cu(SCN) + 2\,K_2SO_4 + SO_3$

問題 12-6

(1) $H_2[PtCl_6] \rightleftharpoons PtCl_4 + 2\,HCl$

(2) $Na_2[PtCl_6] + H_2C_2O_4 \rightleftharpoons Na_2[PtCl_4] + 2\,CO_2 + 2\,H^+ + 2\,Cl^-$

問題 12-7

PtCl$_2$(en) は平面型であるが，中心金属間に弱い相互作用が存在し，互いに積み重なった鎖状構造をとる。（右図）そのため，金属原子の鎖方向に偏向した光に対して高い吸収率を示す。

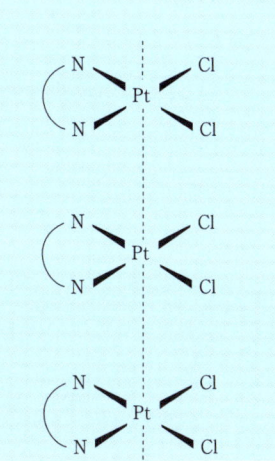

第13章 fブロック元素

　fブロック元素はf電子数の違いがあるものの，最外殻のs軌道に2個電子が配置しているためよく似た性質を示す。この章ではfブロック元素の単体および化合物の一般的性質，磁気的性質，錯形成反応などに関して演習を行う。表13-1にランタノイド元素，ScおよびYの性質を示す。

表 13-1　ランタノイド元素，ScおよびYの性質

元素	電子配置	電子配置 M^{3+}イオン	原子価	M^{3+}イオン半径 (pm)	M^{3+}イオンの色	金属の融点 (K)
希土類元素						
ランタノイド元素						
^{57}La	$[Xe]5d^1 6s^2$	$[Xe]$	3	106	無色	1,193
^{58}Ce	$[Xe]4f^1 5d^1 6s^2$	$[Xe]4f^1$	3, 4	103	無色	1,068
^{59}Pr	$[Xe]4f^3 6s^2$	$[Xe]4f^2$	3, 4	101	緑色	1,208.15
^{60}Nd	$[Xe]4f^4 6s^2$	$[Xe]4f^3$	3	99	淡紫色	1,297
^{61}Pm	$[Xe]4f^5 6s^2$	$[Xe]4f^4$	3	98	淡紅色	―
^{62}Sm	$[Xe]4f^6 6s^2$	$[Xe]4f^5$	2, 3	96	黄色	1,345
^{63}Eu	$[Xe]4f^7 6s^2$	$[Xe]4f^6$	2, 3	95	淡紅色	1,099
^{64}Gd	$[Xe]4f^7 5d^1 6s^2$	$[Xe]4f^7$	3	94	無色	1,585
^{65}Tb	$[Xe]4f^9 6s^2$	$[Xe]4f^8$	3, 4	92	淡紅色	1,629
^{66}Dy	$[Xe]4f^{10} 6s^2$	$[Xe]4f^9$	3	91	黄色	1,680
^{67}Ho	$[Xe]4f^{11} 6s^2$	$[Xe]4f^{10}$	3	89	黄色	1,734
^{68}Er	$[Xe]4f^{12} 6s^2$	$[Xe]4f^{11}$	3	88	淡紫色	1,770
^{69}Tm	$[Xe]4f^{13} 6s^2$	$[Xe]4f^{12}$	3	87	緑色	1,818
^{70}Yb	$[Xe]4f^{14} 6s^2$	$[Xe]4f^{13}$	2, 3	86	無色	1,097
^{71}Lu	$[Xe]4f^{14} 5d^1 6s^2$	$[Xe]4f^{14}$	3	85	無色	1,925
ランタノイド元素以外						
^{21}Sc	$[Ar]3d^1 4s^2$	$[Ar]$	3	68	無色	1,813
^{39}Y	$[Kr]4d^1 5s^2$	$[Kr]$	3	88	無色	1,773

13.1　ランタノイド元素，ScとY

> **例題 13-1**　ランタノイド元素の特徴を電子配置に基づき説明せよ。

解答

　ランタンとルテチウムは 5d 軌道に電子を持ち，電子配置はむしろ典型的な 3 族元素に近い。このためこれらの一方または両方を除いてランタノイド（Ln）とよぶ場合もある。IUPAC 命名法では両元素も含めてランタノイドとしており，通常この分類による。ランタノイド元素は周期表 3 族に位置するランタンとそれに続く 14 元素の総称でとなる。原子番号 58 番の Ce から 4f 軌道に電子が充填されていく。

解説

　周期表で 3 族の Sc と Y は La の上に位置し，+3 価のイオンで希ガス様の電子配置をとる。Y はイオン半径が Tb^{3+} と Dy^{3+} に近く化学的挙動が似ている。一方，Sc はイオン半径が小さくランタノイド元素との化学的類似性は少ない。ランタノイド元素と Sc と Y はまとめて希土類（rare earth）元素ともよばれる。

> **例題 13-2**　ランタノイド元素に関する次の事項を説明せよ。
> (1) ランタノイド収縮　(2) 電子配列と酸化状態　(3) 磁気的性質

解答

(1) ランタノイド収縮（lanthanoid contraction）；ランタノイド元素は原子番号の増加と共に 4f 軌道に電子が入っていく。4f 電子の増加は，最外殻の電子の増加の比べ電子雲の広がりの効果は小さく，核電荷の増加と共に電子は強く原子核に引かれ，原子半径およびイオン半径は減少していく（図 13-1）。この現象をランタノイド収縮という。

(2) 酸化状態；$6s^2$ と $5d^1$ または $4f^1$ の電子がとれ，+3 となりやすい。Eu, Yb などが +2，Ce などが +4 を取りやすいことがわかる。

(3) 磁気的性質；La, Yb, Lu 以外は常磁性。Eu, Gd, Tb, Dy, Ho, Er は強磁性を呈す。+3 価イオンは反磁性の La^{3+}（$4f^0$）と Lu^{3+}（$4f^{14}$）を除き，強磁性を示す。

ランタノイド元素の鉱物

ランタノイド元素は自然界に広く分布しており，特有の鉱物が見いだされている。モナザイト（$LnPO_4$；Ln = La, Ce, Th），ゼノタイム（$LnPO_4$；Ln = Y, Ce, Fr），フェルグソナイト（$Y(Nb, Ta)O_5$）などがある。

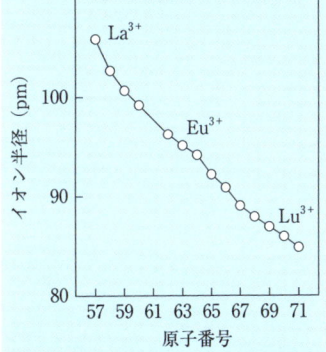

図 13-1　ランタノイド元素のイオン半径

ランタノイド(III)イオンの吸収スペクトル

ランタノイド(III)イオンは，水と強く結合してアクア錯イオンを生成し各種の色を呈す。4f 電子に基づく吸収スペクトルが観察され，多数の鋭い線状吸収帯からなる。

ランタノイド元素の相互分離の方法

　ランタノイド元素は化学的性質の類似性により相互分離はきわめて困難である。元素相互の分離法の主なものをあげる。
(1) 分別結晶法；ランタノイド元素塩の溶解度は Lu から La へと減少する。それらの硫酸塩，硝酸塩などの分別結晶により分離される。
(2) 分別沈殿法；3 価のランタノイド元素イオンは原子番号の増加にと

もない塩基度は減少する。pH が高くなると塩基性の小さにものから沈殿することを利用する分別沈殿法がある。

(3) 溶媒抽出法；ランタノイド(Ⅲ)キレート化合物の各種溶媒での溶解度の差を利用して分離濃縮する。

(4) イオン交換法；陽イオンがイオン交換体に保持される傾向は水和イオン半径と電荷の大きさによって依存する。結晶学的に最小の半径をもつ Lu は，水和半径が最大になり，結合の程度は最小となる。一方 La の水和半径は最小で，結合の程度は最大となる。そのため溶離の順序は Lu から La の順となる。実際には適当な錯化剤で溶離している。

> **例題 13-3** ランタノイド単体に共通する化学的性質および代表的化合物とその応用について述べよ。

解 答

ランタノイド単体は反応性があり，熱水を分解し水素を発生する。生成した水酸化物はかなり強い塩基性を示す。

$$2\,Ln + 6\,H_2O \rightleftharpoons 2\,Ln(OH)_3 + 3\,H_2 \qquad (13\text{-}1)$$

空気中で酸化され Ln_2O_3（Ce は CeO_2）を生じる。水素と加熱すると水素化物を生成する。

ランタノイドの酸化数は +2，+3，+4 があるが，最も安定なのは +3 価である。+2 価では Eu，+4 価では Ce が安定である。化合物としては Ln_2O_3，LnX_3（X はハロゲン化物イオン），LnN，LnC_2 などがある。最近，超電導物質などの素材としてランタノイド元素のセラミックスが注目されている。また Ni との金属間化合物は水素吸蔵体として，H_2 源として使用されている。

$$LaNi_5H_6 \rightleftharpoons LaNi_5 + 3\,H_2 \qquad (13\text{-}2)$$
$$2\,Ln + 6\,H_2O \rightleftharpoons 2\,Ln(OH)_3 + 3\,H_2 \qquad (13\text{-}3)$$

水酸化物は強い塩基性を持つ。三価のイオン Ln^{3+} は反磁性の La^{3+} と Lu^{3+} を除いて強い常磁性を示す。ランタノイド元素の金属は強力な還元剤として働く。空気中で酸化されやすく油または不活性ガス雰囲気中に保存する。

> **例題 13-4** ランタノイドの錯体の配位数について述べよ。

解 答

配位数としては 6～12 のもが知られている。アコ錯イオン $[Ln(H_2O)_n]^{3+}$ では La などで $n=9$，Nd などで $n=8$ であると考えら

れている。錯体の生成ではランタノイドイオンはdブロックイオンよりアルカリ土類金属イオンに似た挙動をする。その結合はイオン結合性が強く，配位数や立体配置はイオン半径に依存することが多い。一般的に錯体生成は $Ln^{4+} > Ln^{3+} > Ln^{2+}$ の順で減少することが予想される。単座配位子を含む錯体としては $[Ln(CH_3COO)]^{2+}$，$[Ln(NH_3)_x]Cl_3$，キレートとしては $[Ln(ox)_3]$，$[Ln(\beta\text{-diketone})_n]$，$[Ln(nta)_2]^{3-}$ などがある。La(III)のEDTA錯体である $K[La(edta)(H_2O)_3]\cdot 5H_2O$ では9配位である。

13.2 アクチノイド元素

アクチノイド元素は放射性同位体からなり，Np以降の元素は超ウラン元素と言われ，人工放射性元素である。一般的性質はランタノイド元素に類似している。酸化状態は存在が認められたもので見ると，原子番号の低いPa，U，Npなどでは高い酸化状態が知られている。

> **例題 13-5** アクチノイド元素についての以下の表中の番号がある空欄を埋めよ。
>
> | 原子番号 | 元素名 | 電子配置 |
> |---|---|---|
> | 89 | ① | $[Rn]\,6d^1 7s^2$ |
> | 90 | ② | ⑦ |
> | 91 | プロトアクチニウム | $[Rn]\,5f^2 6d^1 7s^2$ |
> | 92 | ③ | ⑧ |
> | 93 | ④ | $[Rn]\,5f^4 6d^1 7s^2$ |
> | 94 | ⑤ | ⑨ |
> | 95 | ⑥ | $[Rn]\,5f^7 7s^2$ |
> | 96 | キュリウム | $[Rn]\,5f^7 6d^1 7s^2$ |
> | 97 | バークリウム | $[Rn]\,5f^8 6d^1 7s^2$ |
> | 98 | カリホルニウム | $[Rn]\,5f^9 6d^1 7s^2$ |
> | 99 | アインスタイニウム | $[Rn]\,5f^{10} 6d^1 7s^2$ |
> | 100 | フェルミウム | $[Rn]\,5f^{11} 6d^1 7s^2$ |
> | 101 | メンデレビウム | $[Rn]\,5f^{12} 6d^1 7s^2$ |
> | 102 | ノーベリウム | $[Rn]\,5f^{13} 6d^1 7s^2$ |
> | 103 | ローレンシウム | $[Rn]\,5f^{14} 6d^1 7s^2$ |

解 答
① アクチニウム　② トリウム　③ ウラン　④ ネプツニウム

OX (oxalato)：オキサラト

β-diketone（β-ジケトン）

・アセチルアセトン (acac)
　($R_1 = R_2 = CH_3$)
・テノイルトリフルオロアセトン (fta)
　($R_1 =$ チエニル, $R_2 = CF_3$)

nta (nitrilotriacetato)；
ニトリロトリアセタト

edta (ethylendiaminetetraacetato)；
エチレンジアミンテトラアセタト

4f軌道と5f軌道の特徴

4f軌道を5sや5p軌道と比較したときよりも、5f軌道を6s、6p軌道と比べたときの空間的な広がりが大きい。そのため、5f軌道は4f軌道よりも結合形成に寄与しやすい。

ウランの同位体

天然に存在する同位体としては3種ある。

^{234}U　0.005 %
　$\tau_{1/2}$ = 2.48 × 10^5 年
　ただし、$\tau_{1/2}$は半減期を示す。
　α放射性

^{235}U　0.7204 %
　$\tau_{1/2}$ = 7.131 × 10^8 年
　α放射性

^{238}U　99.2739 %
　$\tau_{1/2}$ = 4.50 × 10^9 年
　α放射性

^{235}Uはアクチニウム系列、^{238}Uはウラン系列の母体である。
人工放射性同位体としては質量数が227, 233, 233, 237, 240 などが知られている。

超ウラン元素の発見

Npは1940年、$^{238}_{92}$Uにおそい中性子を照射して生じる$^{239}_{92}$Uのβ崩壊生成物として発見された。

$^{238}_{92}$U + n ⟶ $^{239}_{92}$U + γ
$^{239}_{92}$U ⟶ $^{293}_{93}$Np + β

同じ年、Puが発見され、その後、超ウラン元素の発見が発見された。

---

⑤プルトニウム　⑥アメリシウム　⑦[Rn] 6d^{2}7s^2
⑧[Rn] 5f^{3}6d^{1}7s^2　⑨[Rn] 5f^{6}6d^{1}7s^2

> **例題 13-6**　アクチノイド元素の単体の化学的性質および代表的な化合物について述べよ。

解答

一般的性質はランタノイド元素に似ている。3価のアクチノイド元素のなかでTh^{3+}、U^{3+}、Np^{3+}などは還元作用が強く水を分解する。

$$2\,UCl_3 + 4\,H_2O \rightleftharpoons 2\,U(OH)_2Cl_2 + H_2 + 2\,HCl$$
(13-4)

+4価の化合物ではThO$_2$、UO$_2$などがある。錯体としては、[U(acac)$_4$]、K$_3$[UF$_7$]などある。

+6価ではウラニル化合物は溶液中でも安定で、水和したウラニルイオン（UO$_2^{2+}$）として存在している。このイオンはハロゲン化物イオンなどと錯体を生成し、UO$_2^{2+}$はほぼ直線状である。その他の錯体としてはNa$_3$[AcF$_8$]（Pa(V)、Np(V)など）、ジエチレントリアミンペンタ酢酸錯体（Am(III)、Cm(III)など）などがある。

> **例題 13-7**　$^{235}_{92}$Uの次の核分裂の核反応式を完成せよ。
> (1) $^{235}_{92}$U + n ⟶ ⬜1 + ^{95}Sr + 2n
> (2) $^{235}_{92}$U + n ⟶ ⬜2 + ^{90}Kr + 3n
> (3) $^{235}_{92}$U + n ⟶ ⬜3 + ^{97}Y + 4n

解答

(1) $^{139}_{54}$Xe　(2) $^{143}_{56}$Ba　(3) $^{135}_{53}$I

解説

$^{235}_{92}$Uに中性子をあてると、質量が近い2つの核種に分裂する。これは核分裂とよばれ、分裂して生成する核種の組み合わせは複数ありうる。主な核生成物はセシウム$^{137}_{55}$Cs、ヨウ素$^{131}_{53}$I、ストロンチウム$^{90}_{38}$Srなどがある。

> **例題 13-8**　アクチノイド元素について次の各問いに答えよ。
> (1) アクチナイドイオンのイオン半径について特徴を述べよ

(2) アクチナイドの酸化数は幅広い値をとる。その理由を簡単に述べよ

解 答

(1) アクチナイドイオンのイオン半径は，ランタノイドイオンと同様のメカニズムで原子番号が大きくなるにつれて小さくなる。これをアクチナイド収縮という。

(2) 5f軌道のエネルギー準位が6dや7sの準位に近いため，5f電子が結合軌道に入れるようになるため。

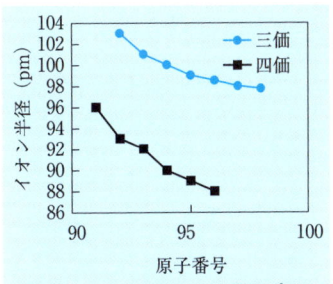

図 13-2 アクチノイド元素のイオン半径

例題 13-9

^{235}U の核分裂の1つの例は次式で示される。

$$^{235}_{92}U + ^{1}_{0}n \longrightarrow ^{92}_{30}Kr + ^{142}_{56}Ba + 2\,^{1}_{0}n$$

これらの放射性娘核種はさらに β 崩壊して安定核種 $^{92}_{40}Zr$ と $^{142}_{58}Ce$ になる。このような核分裂，崩壊経路をたどった ^{235}U 1 mol が放出するエネルギーを求めよ。

原子質量(u)は $^{92}_{40}Zr$：91.9050408，$^{142}_{58}Ce$：141.909244，^{1}n：1.0086650，$^{235}_{92}U$：235.0439299 を用いよ。

解 答

反応による質量欠損は以下のように計算される。

$$\Delta m = \{m(^{92}Zr) + m(^{142}Ce) + 2m(^{1}n)\} - \{m(^{235}U) + m(^{1}n)\}$$
$$= -0.222364 \text{ amu} \qquad (13\text{-}5)$$

$$\Delta E = 0.222364 \times 1.66054 \times 10^{-27} \times (2.998 \times 10^{8})^{2}$$
$$= 3.329 \times 10^{-11} \text{ J}$$
$$= 207.2 \text{ MeV} \qquad (13\text{-}6)$$

よって，1 mol の ^{235}U が核分裂したときに放出するエネルギーは，

$$\Delta E = 3.319 \times 10^{-11} \times 6.022 \times 10^{23} \text{ J/mol}$$
$$= 1.999 \times 10^{10} \text{ kJ/mol} \qquad (13\text{-}7)$$

第 13 章 章末問題

問題 13-1

5価ウランのジオキソイオンの不均化反応の式を書け。

問題 13-2

超ウラン元素は通常天然にはほとんど存在しないが，どのようにして生成させるか簡単に述べよ。

章末問題　解答

問題 13-1

$$UO_2^+ + 4H^+ \rightleftharpoons U^{4+} + UO_2^{2+} + 2H_2O$$

不均化反応のしやすさは，Np＞Am＞Pu＞U の順。5 価は短寿命だが，pH 2〜4 で比較的に安定である。6 価のジオキソイオンの安定性は U＞Pu＞Np＞Am となっている。

問題 13-2

^{238}U や ^{239}Pu などに中性子，α 粒子，イオンなど，粒子ビームを照射して生成させる。^{238}U に中性子を照射し，^{239}U を生成させると β 壊変によって半減期 23.5 分で ^{239}Np になる。その後さらに β 壊変（半減期 1.35 日）して ^{239}Pu が生成する。

^{239}Pu は ^{235}U と同様に自発核分裂を起こすので，原子力エネルギー源，特にプルサーマル発電の MOX（Mixed Oxide）燃料に使用されている。

付表1

付表1　原子の電子配置

周期	元素	K	L		M			N				O				P			Q
		1s	2s	2p	3s	3p	3d	4s	4p	4d	4f	5s	5p	5d	5f	6s	6p	6d	7s
1	1 H	1																	
	2 He	2																	
2	3 Li	2	1																
	4 Be	2	2																
	5 B	2	2	1															
	6 C	2	2	2															
	7 N	2	2	3															
	8 O	2	2	4															
	9 F	2	2	5															
	10 Ne	2	2	6															
3	11 Na	2	2	6	1														
	12 Mg	2	2	6	2														
	13 Al	2	2	6	2	1													
	14 Si	2	2	6	2	2													
	15 P	2	2	6	2	3													
	16 S	2	2	6	2	4													
	17 Cl	2	2	6	2	5													
	18 Ar	2	2	6	2	6													
4	19 K	2	2	6	2	6		1											
	20 Ca	2	2	6	2	6		2											
	21 Sc	2	2	6	2	6	1	2											
	22 Ti	2	2	6	2	6	2	2											
	23 V	2	2	6	2	6	3	2											
	24 Cr	2	2	6	2	6	5	1											
	25 Mn	2	2	6	2	6	5	2											
	26 Fe	2	2	6	2	6	6	2											
	27 Co	2	2	6	2	6	7	2											
	28 Ni	2	2	6	2	6	8	2											
	29 Cu	2	2	6	2	6	10	1											
	30 Zn	2	2	6	2	6	10	2											
	31 Ga	2	2	6	2	6	10	2	1										
	32 Ge	2	2	6	2	6	10	2	2										
	33 As	2	2	6	2	6	10	2	3										
	34 Se	2	2	6	2	6	10	2	4										
	35 Br	2	2	6	2	6	10	2	5										
	36 Kr	2	2	6	2	6	10	2	6										
5	37 Rb	2	2	6	2	6	10	2	6			1							
	38 Sr	2	2	6	2	6	10	2	6			2							
	39 Y	2	2	6	2	6	10	2	6	1		2							
	40 Zr	2	2	6	2	6	10	2	6	2		2							
	41 Nb	2	2	6	2	6	10	2	6	4		1							
	42 Mo	2	2	6	2	6	10	2	6	5		1							
	43 Tc	2	2	6	2	6	10	2	6	5		2							
	44 Ru	2	2	6	2	6	10	2	6	7		1							
	45 Rh	2	2	6	2	6	10	2	6	8		1							
	46 Pd	2	2	6	2	6	10	2	6	10									
	47 Ag	2	2	6	2	6	10	2	6	10		1							
	48 Cd	2	2	6	2	6	10	2	6	10		2							
	49 In	2	2	6	2	6	10	2	6	10		2	1						
	50 Sn	2	2	6	2	6	10	2	6	10		2	2						
	51 Sb	2	2	6	2	6	10	2	6	10		2	3						

※ 21–29：第一遷移元素　　39–47：第二遷移元素

周期	元素		K	L		M			N				O				P			Q
			1s	2s	2p	3s	3p	3d	4s	4p	4d	4f	5s	5p	5d	5f	6s	6p	6d	7s
	52	Te	2	2	6	2	6	10	2	6	10		2	4						
	53	I	2	2	6	2	6	10	2	6	10		2	5						
	54	Xe	2	2	6	2	6	10	2	6	10		2	6						
	55	Cs	2	2	6	2	6	10	2	6	10		2	6			1			
	56	Ba	2	2	6	2	6	10	2	6	10		2	6			2			
	57	La	2	2	6	2	6	10	2	6	10		2	6	1		2			
	58	Ce	2	2	6	2	6	10	2	6	10	1	2	6	1		2			
	59	Pr	2	2	6	2	6	10	2	6	10	3	2	6			2			
	60	Nd	2	2	6	2	6	10	2	6	10	4	2	6			2			
	61	Pm	2	2	6	2	6	10	2	6	10	5	2	6			2			
	62	Sm	2	2	6	2	6	10	2	6	10	6	2	6			2			
	63	Eu	2	2	6	2	6	10	2	6	10	7	2	6			2			
	64	Gd	2	2	6	2	6	10	2	6	10	7	2	6	1		2			
	65	Tb	2	2	6	2	6	10	2	6	10	9	2	6			2			
	66	Dy	2	2	6	2	6	10	2	6	10	10	2	6			2			
	67	Ho	2	2	6	2	6	10	2	6	10	11	2	6			2			
	68	Er	2	2	6	2	6	10	2	6	10	12	2	6			2			
	69	Tm	2	2	6	2	6	10	2	6	10	13	2	6			2			
	70	Yb	2	2	6	2	6	10	2	6	10	14	2	6			2			
6	71	Lu	2	2	6	2	6	10	2	6	10	14	2	6	1		2			
	72	Hf	2	2	6	2	6	10	2	6	10	14	2	6	2		2			
	73	Ta	2	2	6	2	6	10	2	6	10	14	2	6	3		2			
	74	W	2	2	6	2	6	10	2	6	10	14	2	6	4		2			
	75	Re	2	2	6	2	6	10	2	6	10	14	2	6	5		2			
	76	Os	2	2	6	2	6	10	2	6	10	14	2	6	6		2			
	77	Ir	2	2	6	2	6	10	2	6	10	14	2	6	7		2			
	78	Pt	2	2	6	2	6	10	2	6	10	14	2	6	9		1			
	79	Au	2	2	6	2	6	10	2	6	10	14	2	6	10		1			
	80	Hg	2	2	6	2	6	10	2	6	10	14	2	6	10		2			
	81	Tl	2	2	6	2	6	10	2	6	10	14	2	6	10		2	1		
	82	Pd	2	2	6	2	6	10	2	6	10	14	2	6	10		2	2		
	83	Bi	2	2	6	2	6	10	2	6	10	14	2	6	10		2	3		
	84	Po	2	2	6	2	6	10	2	6	10	14	2	6	10		2	4		
	85	At	2	2	6	2	6	10	2	6	10	14	2	6	10		2	5		
	86	Rn	2	2	6	2	6	10	2	6	10	14	2	6	10		2	6		
	87	Fr	2	2	6	2	6	10	2	6	10	14	2	6	10		2	6		1
	88	Ra	2	2	6	2	6	10	2	6	10	14	2	6	10		2	6		2
	89	Ac	2	2	6	2	6	10	2	6	10	14	2	6	10		2	6	1	2
	90	Th	2	2	6	2	6	10	2	6	10	14	2	6	10		2	6	2	2
	91	Pa	2	2	6	2	6	10	2	6	10	14	2	6	10	2	2	6	1	2
	92	U	2	2	6	2	6	10	2	6	10	14	2	6	10	3	2	6	1	2
	93	Np	2	2	6	2	6	10	2	6	10	14	2	6	10	4	2	6	1	2
	94	Pu	2	2	6	2	6	10	2	6	10	14	2	6	10	5	2	6		2
7	95	Am	2	2	6	2	6	10	2	6	10	14	2	6	10	7	2	6		2
	96	Cm	2	2	6	2	6	10	2	6	10	14	2	6	10	7	2	6	1	2
	97	Bk	2	2	6	2	6	10	2	6	10	14	2	6	10	7	2	6	1	2
	98	Cf	2	2	6	2	6	10	2	6	10	14	2	6	10	8	2	6	1	2
	99	Es	2	2	6	2	6	10	2	6	10	14	2	6	10	9	2	6	1	2
	100	Fm	2	2	6	2	6	10	2	6	10	14	2	6	10	10	2	6	1	2
	101	Md	2	2	6	2	6	10	2	6	10	14	2	6	10	11	2	6	1	2
	102	Mo	2	2	6	2	6	10	2	6	10	14	2	6	10	12	2	6	1	2
			2	2	6	2	6	10	2	6	10	14	2	6	10	13	2	6	1	2
	103	Lr	2	2	6	2	6	10	2	6	10	14	2	6	10	14	2	6	1	2

ランタノイド / 第三遷移元素 / アクチノイド

付表 2

付表 2 標準電極電位(25°C)

電 極 系	電 極 反 応	標準電極電位
$K^+\mid K$	$K^+ + e^- \longrightarrow K$	−2.925
$Ca^{2+}\mid Ca$	$Ca^{2+} + 2\,e^- \longrightarrow Ca$	−2.866
$Na^+\mid Na$	$Na^+ + e^- \longrightarrow Na$	−2.714
$Mg^{2+}\mid Mg$	$Mg^{2+} + 2\,e^- \longrightarrow Mg$	−2.363
$Al^{3+}\mid Al$	$Al^{3+} + 3\,e^- \longrightarrow Al$	−1.662
$Zn^{2+}\mid Zn$	$Zn^{2+} + 2\,e^- \longrightarrow Zn$	−0.7628
$Fe^{2+}\mid Fe$	$Fe^{2+} + 2\,e^- \longrightarrow Fe$	−0.4402
$Cd^{2+}\mid Cd$	$Cd^{2+} + 2\,e^- \longrightarrow Cd$	−0.4029
$Ni^{2+}\mid Ni$	$Ni^{2+} + 2\,e^- \longrightarrow Ni$	−0.250
$I^-\mid AgI(s)\mid Ag$	$AgI(s)^+ + e^- \longrightarrow Ag + I^-$	−0.1518
$Sn^{2+}\mid Sn$	$Sn^{2+} + 2\,e^- \longrightarrow Sn$	−0.136
$Pb^{2+}\mid Pb$	$Pb^{2+} + 2\,e^- \longrightarrow Pb$	−0.126
$Fe^{3+}\mid Fe$	$Fe^{3+} + 3\,e^- \longrightarrow Fe$	−0.036
$H^+\mid H_2\mid Pt$	$H^+ + e^- \longrightarrow \frac{1}{2}H_2$	0.0000
$Sn^{4+},\ Sn^{2+}\mid Pt$	$Sn^{4+} + 2\,e^- \longrightarrow Sn^{2+}$	0.15
$Cu^{2+},\ Cu^+\mid Pt$	$Cu^{2+} + e^- \longrightarrow Cu^+$	0.153
$Cl^-\mid AgCl(s)\mid Ag$	$AgCl(s)^+ + e^- \longrightarrow Ag + Cl^-$	0.2222
$Cl^-\mid Hg_2Cl_2(s)\mid Hg$	$Hg_2Cl_2(s)^+ + 2\,e^- \longrightarrow 2\,Hg + 2\,Cl^-$	0.2676
$Cu^{2+}\mid Cu$	$Cu^{+2} + 2\,e^- \longrightarrow Cu$	0.337
$OH^-\mid O_2\mid Pt$	$\frac{1}{2}O_2 + H_2O + 2\,e^- \longrightarrow 2\,OH^-$	0.401
$I^-\mid I_2(s)\mid Pt$	$\frac{1}{2}I_2(s) + e^- \longrightarrow I^-$	0.5355
$Fe^{3+},\ Fe^{2+}\mid Pt$	$Fe^{3+} + e^- \longrightarrow Fe^{2+}$	0.771
$Hg_2^{2+}\mid Hg$	$\frac{1}{2}Hg_2^{2+} + e^- \longrightarrow Hg$	0.788
$Ag^+\mid Ag$	$Ag^+ + e^- \longrightarrow Ag$	0.7991
$Hg^{2+},\ Hg_2^{2+}\mid Hg$	$2\,Hg^{2+} + 2\,e^- \longrightarrow Hg_2^{2+}$	0.920
$Br^-\mid Br_2(l)\mid Pt$	$\frac{1}{2}Br_2(l) + e^- \longrightarrow Br^-$	1.0652
$Cl^-\mid Cl_2\mid Pt$	$\frac{1}{2}Cl_2 + e^- \longrightarrow Cl^-$	1.3595
$Ce^{4+},\ Ce^{3+}\mid Pt$	$Ce^{4+} + e^- \longrightarrow Ce^{3+}$	1.61
$Co^{3+},\ Co^{2+}\mid Pt$	$Co^{3+} + e^- \longrightarrow Co^{2+}$	1.808

参考文献

1) 合原　眞，榎本尚也，馬　昌珍，村石治人：「新しい基礎無機化学」，三共出版（2007）
2) 合原　眞，井出　悌，栗原寛人：「現代の無機化学」，三共出版（1991）
3) 合原　眞，栗原寛人，竹原　公，津留壽昭：「無機化学演習」，三共出版（1996）
4) 合原　眞，佐藤一紀，野中靖臣，村石治人：「人と環境」，三共出版（2002）
5) 水町邦彦：「酸と塩基」，裳華房（2003）
6) 田中元治：「酸と塩基」，裳華房（1983）
7) 電気化学協会編：「若い技術者のための"電気化学"」，丸善（1983）
8) 松田好晴，岩倉千秋：「電気化学概論」，丸善（1994）
9) 三浦　隆，佐藤祐一，神谷信行，奥山　優，縄船秀美，湯浅　真：「電気化学の基礎と応用」，朝倉書店（2004）
10) 塩川二郎：「基礎無機化学」，丸善（2003）
11) 電気化学協会編：「新しい電気化学」，培風館（1987）
12) 水町邦彦，福田　豊：「錯体化学」，講談社（1991）
13) 新村陽一：「無機化学ノート」，化学同人（1982）
14) 桜井　弘：「金属は人体になぜ必要か」，講談社（1996）
15) 増田秀樹，福住俊一編著：「生物無機化学」，三共出版（2005）
16) 桜井　弘：「金属は人体になぜ必要か」，講談社（1996）
17) 田中　久，桜井　弘：「生物無機化学」，広川書店（1987）
18) 内田立身：「鉄欠乏性貧血」，新興医学出版（1984）
19) 中原昭次，山内　脩：「入門生物無機化学」，化学同人（1979）
20) 和田　功：「金属とヒト-エコトキシコロジーと臨床」朝倉書店（1986）
21) 久保田晴寿編：「無機医薬品化学」，広川書店（1997）
22) 鈴木晋一郎，中尾安男，櫻井　武：「ベーシック無機化学」，化学同人（2004）
23) 花田禎一：「基礎無機化学」，サイエンス社（2004）
24) 小倉興太郎：「無機化学概論」，丸善（2002）
25) 平尾一之，田中勝久，中平　敦，幸塚広光，滝澤博胤：「演習無機化学」，東京化学同人（2005）
26) コットン，ウィルキンソン，ガウス：「基礎無機化学（第3版）」，培風館（2004）
27) 荻野　博，飛田博実，岡崎雅明：「基本無機化学」，東京化学同人（2006）

索　引

あ 行

亜鉛　167
アクチナイド収縮　175
アクチノイド元素　173
アボガドロ定数　3
アモルファス　57
アルカリ金属　135
アルカリ土類金属　138
アルミニウム　150

イオン化異性　101
イオン化エネルギー　22
イオン化傾向　90
イオン強度　106
イオン結合　37
イオン交換法　172
イオン性　35
イオンの活量　106
イオンポンプ　121
一次電池　83

ウラン　173
ウランの同位体　174

液間電位差　82
エナンチオ異性　99
塩基性酸化物　145

追い出し機構　111
王水　165
オキソ酸　64, 144
オゾン　145

か 行

カーボンナノチューブ　47
外軌道錯体　102
外圏電子移動機構　73
壊変系列　10
壊変速度　11
壊変定数　11
解離機構　110
核種　9
核分裂　174
過酸化物　137
加水分解　67
加水分解定数　68
ガス電極　88
硬い塩基　72

硬い酸　72
可動化指数　125
カドミウム　167
過マンガン酸イオン　158
還元剤　89
還元反応　78
感光剤　166
緩衝溶液　70

希ガス　142
基底状態　30
規定度　5
起電力　80
軌道角運動量量子数　16
ギブズエネルギー　64
吸収スペクトル　105
共有結合　132
極性分子　63
キレート　97
キレート効果　108
金　166
銀　165
銀–塩化銀電極　87
金属カルボニル　109
金属結合　38
金属水素化物　164
金属電極　88
金属難溶性塩電極　89

空間群　53
空間格子　53
クーロン力　37
グラファイト　47, 147
クロム　157
クロール法　156

結合異性　102
結合次数　33
結合の極性　35
結合モーメント　35
結晶点群　53
結晶場安定化エネルギー　103
結晶場理論　103
結晶面　54
血清アルブミン　119
限界イオン半径比　56
原子価結合法（VB法）　34
原子軌道　32

光学異性体　100

格子エネルギー　48
格子定数　53
黒鉛　147
五酸化リン　146
コバルト　160
混合原子価錯体　160
混成状態　30

さ 行

最大配位・最大充填の原理　56
錯体の立体構造　99
酸化還元電極　88
酸化還元反応　78
酸化剤　89
酸化反応　78
酸化物　137
酸性酸化物　145

ジアステレオ異性　99
磁気量子数　16
磁性分子　33
質量欠損　13
ジボラン　131, 149, 150
遮蔽定数　20
重量対容量濃度　4
重量百分率濃度　4
主量子数　16
昇華エネルギー　50
常磁性　102
シラン　132
シリカゲル　160
人工酸素運搬体モデル　123

水銀　167
水素イオン　129
水素化合物　130
水素化物　131
水素結合　40, 63
水素原子　129
水素電極　81
スピンオンリーの式　102
スレーターの規則　20

正極　80
生体内の元素　117
生物無機化学　117
全安定度定数　106
遷移元素　153

双極子モーメント　35

た 行

第一遷移元素　155
第二遷移系列元素　162
第三遷移系列元素　162
ダイヤモンド　47
多結晶　57
ダニエル電池　80
ダルトン　12
単位格子　52
単結晶　57
単原子分子　142
炭酸化物カルシウム　139
炭酸カルシウム　139

逐次安定度定数　106
チタン　155
超ウラン元素　174
超酸化物　137

強い場　104

低酸化数　154
鉄　159
鉄（II）ポルフィリン錯体　124
鉄イオンの代謝　120
電気陰性度　23
電極電位　80, 86
電子親和力　24
電子不足化合物　131
電池　79

銅　161
銅イオンの代謝　118
同位体　3, 9
統一原子質量単位　12
トランス機構　111
トランスフェリン　120
トリウム　173

な 行

内軌道錯体　102
内圏電子移動機構　73

ニクロム酸塩　158
二次電池　83
ニッケル　161

ネルンスト式　83

は 行

配位異性　101

配位化合物　96
配位結合　132
配位子　97
配位数　97
配位場理論　105
パイレックス　149
パウリの排他原理　18
白金　164
白金族金属　164
八隅説　29
バナジウム　156
パラジウム　164
ハロゲン　143
ハロゲン化銀　166
ハロゲン化物　136
半減期　11
反磁性　102
半電池　79
バンド構造　148

百分率濃度　4
百万分率濃度　6
標準酸化還元電位　86
標準水素電極　81
標準電極電位　86

ファンデルワールス力　39
フェリチン　120
負極　80
不均化反応　79
不対電子　33
フラーレン　47
ブラッグの式　55
ブラベ格子　53
ブレンステッド-ローリーの定義　65
プロトン　65
プロトン供与性　65
プロトン受容性　65
分子間力　39
分子軌道　32
分子軌道法（MO法）　34
フントの規則　19
分別結晶法　171
分別沈殿法　171

平衡定数　84
ベクレル　11
ヘモグロビン　121
ヘモシアニン　121
ヘモジデリン　120

ボーア原子模型　15
ボルタ電池　85
ボルン・ハーバーサイクル　49
ボルン-ランデ式　48

ま 行

マーデルング定数　48
マンガン　158
ミオグロビン　121
水のイオン積　66
水分子の構造　62
ミラー指数　54
無機質（ミネラル）　118
無極性分子　63
面心立方格子　56
モル　3
モル濃度　5
軟らかい塩基　72
軟らかい酸　72

や 行

有機金属効果　109
有効核電荷　20
有効原子番号　109
溶解度積　70
溶解度積　87
溶媒抽出法　172
容量百分率濃度　5
弱い場　104

ら 行

ランタノイド元素　170
ランタノイド収縮　171
立方最密格子　56
リュードベリ定数　14
両性酸化物　145
リン酸　147
ルイス構造　29
励起状態　30

アルファベット

13族元素　149
14族元素　147
16族元素　144
^{235}U　175
dブロック元素　153
HF　133
Hf　163
HSAB理論　71

索　引

Mo　163
n 型半導体　148
ppb　6
ppm　6
ppt　6

p 型半導体　148
Re　164
s ブロック元素　135
Tc　164
W　163

Zr　163
α 壊変　10
β 壊変　10

著者略歴

合原　眞（編著者）
1965 年　九州大学大学院理学研究科修士課程修了
現　在　福岡女子大学名誉教授，理学博士
専　門　無機化学，環境無機化学

村石治人
1976 年　岡山大学大学院理学研究科修士課程修了
現　在　九州産業大学名誉教授，理学博士
専　門　物理化学，固体化学，表面化学

竹原　公
1978 年　広島大学理学部物性学科卒
現　在　九州大学准教授（大学院理学研究院），理学博士
専　門　電気化学，生物物理化学

宇都宮　聡
2000 年　東京大学大学院理学系研究科博士課程修了
現　在　九州大学准教授（大学院理学研究院），理学博士
専　門　環境化学，放射化学

新しい基礎無機化学演習

2011 年 10 月 15 日　初版第 1 刷発行
2017 年 4 月 5 日　初版第 2 刷発行

Ⓒ　編　著　合原　眞
　　発行者　秀島　功
　　印刷者　沖田啓了

発行者　三共出版株式会社

〒 101-0051
東京都千代田区神田神保町 3 の 2
振替　00110-9-1065
電話 03-3264-5711　FAX 03-3265-5149
http://www.sankyoshuppan.co.jp

一般社団法人 日本書籍出版協会・一般社団法人 自然科学書協会・工学書協会　会員

Printed in Japan　　　印刷・製本　太平印刷社

JCOPY〈(社)出版者著作権管理機構　委託出版物〉
本書の無断複写は著作権法上での例外を除き禁じられています．複写される場合は，そのつど事前に，(社)出版者著作権管理機構（電話 03-3513-6969，FAX 03-3513-6979，e-mail：info@jcopy.or.jp）の許諾を得てください．

ISBN978-4-7827-0660-2

SI 接頭語

倍数	接頭語		記号	倍数	接頭語		記号
10	デカ	deca	da	10^{-1}	デシ	deci	d
10^2	ヘクト	hecto	h	10^{-2}	センチ	centi	c
10^3	キロ	kilo	k	10^{-3}	ミリ	milli	m
10^6	メガ	mega	M	10^{-6}	マイクロ	micro	μ
10^9	ギガ	giga	G	10^{-9}	ナノ	nano	n
10^{12}	テラ	tera	T	10^{-12}	ピコ	pico	p
10^{15}	ペタ	peta	P	10^{-15}	フェムト	femto	f
10^{18}	エクサ	exa	E	10^{-18}	アト	atto	a
10^{21}	ゼタ	zetta	Z	10^{-21}	ゼプト	zepto	z
10^{24}	ヨタ	yotta	Y	10^{-24}	ヨクト	yocto	y

SI 以外の単位

(I) SI と併用される単位

物理量	単位の名称		記号	SI 単位による値	
時間	分	minute	min	60	s
時間	時	hour	h	3600	s
時間	日	day	d	86400	s
平面角	度	degree	°	$(\pi/180)$	rad
体積	リットル	litre, liter	l, L	10^{-3}	m^3
質量	トン	tonne, ton	t	10^3	kg
長さ	オングストローム	ångström	Å	10^{-10}	m
圧力	バール	bar	bar	10^5	Pa
面積	バーン	barn	b	10^{-28}	m^2
エネルギー	電子ボルト[a),b)]	electronvolt	eV	1.60218×10^{-19}	J
質量	ダルトン[a),c)]	dalton	Da	1.66054×10^{-27}	kg
	統一原子質量単位	unified atomic mass unit	u	$1\,u = 1\,Da$	

a) 現時点で最も正確と信じられている物理定理を用いて求めた値である。
b) 電子ボルトの大きさは，真空中で 1 V の電位差の空間を通過することにより電子が得る運動エネルギーである。電子ボルトは，meV, keV のように，しばしば SI 接頭語をつけて使われる。
c) Da は 2006 年から正式に承認されている。今まで使われていた u と同一の単位であり，「静止して基底状態にある自由な炭素原子 ^{12}C の質量の 1/12 に等しい質量」の記号である。高分子の質量を表すときには kDa, MDa など，原子あるいは分子の微小な質量差を表すときには nDa, pDa などのように，SI 接頭語と組み合わせた単位を使うことができる。

(II) そのほかの単位

下記の単位は，従来の文献でよく使われたものである。この表は，それらの単位の身元を明らかにし，SI 単位への換算を示すためのものである。

物理量	単位の名称		記号	SI 単位による値	
力	ダイン	dyne	dyn	10^{-5}	N
圧力	標準大気圧（気圧）	standard atmospheric atmosphere	atm	101325	Pa
圧力	トル (mmHg)	torr (mmHg)	Torr	≈ 133.322	Pa
エネルギー	エルグ	erg	erg	10^{-7}	J
エネルギー	熱化学カロリー	thermochemical calorie	cal_{th}	4.184	J
磁束密度	ガウス	gauss	G	10^{-4}	T
電気双極子モーメント	デバイ	debye	D	$\approx 3.335641 \times 10^{-30}$	Cm
粘性率	ポアズ	poise	P	10^{-1}	Pa s
動粘性率	ストークス	stokes	St	10^{-4}	$m^2\,s^{-1}$
放射能[a)]	キュリー	curie	Ci	3.7×10^{10}	Bq
照射線量[a)]	レントゲン	röntgen	R	2.58×10^{-4}	C kg^{-1}
吸収線量	ラド	rad	rad	10^{-2}	Gy
線量当量	レム	rem	rem	10^{-2}	Sv

a) 定義された値である。